RAPPORT

FAIT A LA SOCIÉTÉ CENTRALE D'AGRICULTURE DE FRANCE
AU NOM D'UNE COMMISSION SPÉCIALE

PAR J.-A. BARRAL,
SECRÉTAIRE PERPÉTUEL,

EN RÉPONSE AU QUESTIONNAIRE

SUR

L'IMPOT DU SUCRE,

ADRESSÉ PAR

LE CONSEIL SUPÉRIEUR DE L'INDUSTRIE, DE L'AGRICULTURE
ET DU COMMERCE.

Séance de la Société du 8 juillet 1872.

PARIS,
IMPRIMERIE ET LIBRAIRIE D'AGRICULTURE ET D'HORTICULTURE
DE Mme Ve BOUCHARD-HUZARD,
RUE DE L'ÉPERON, 5.

1873

RAPPORT

SUR L'IMPOT DU SUCRE.

RAPPORT

FAIT A LA SOCIÉTÉ CENTRALE D'AGRICULTURE DE FRANCE
AU NOM D'UNE COMMISSION SPÉCIALE,

PAR J.-A. BARRAL,
SECRÉTAIRE PERPÉTUEL,

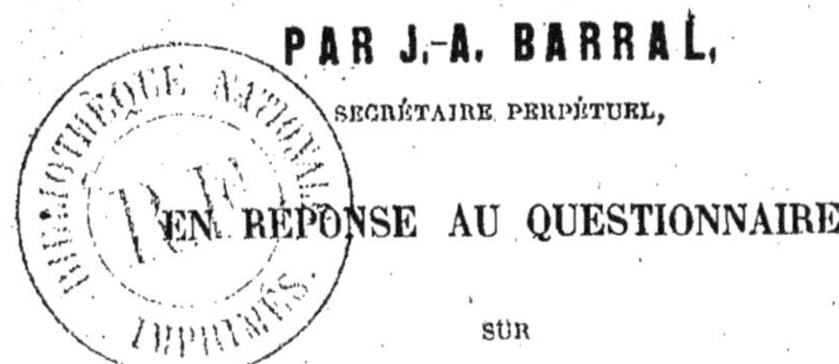

EN RÉPONSE AU QUESTIONNAIRE

SUR

L'IMPOT DU SUCRE,

ADRESSÉ PAR

LE CONSEIL SUPÉRIEUR DE L'INDUSTIE, DE L'AGRICULTURE
ET DU COMMERCE.

Séance de la Société du 8 juillet 1872.

PARIS,
IMPRIMERIE ET LIBRAIRIE D'AGRICULTURE ET D'HORTICULTURE
DE Mme Ve BOUCHARD-HUZARD,
rue de l'Éperon, 5.

1873

RAPPORT

FAIT A LA SOCIÉTÉ CENTRALE D'AGRICULTURE DE FRANCE
AU NOM D'UNE COMMISSION SPÉCIALE,

PAR M. BARRAL, SECRÉTAIRE PERPÉTUEL,

EN RÉPONS AU

QUESTIONNAIRE SUR L'IMPOT DU SUCRE,

ADRESSÉ PAR

LE CONSEIL SUPÉRIEUR DE L'INDUSTRIE, DE L'AGRICULTURE
ET DU COMMERCE.

Séance de la Société du 3 juillet 1872.

MESSIEURS,

Vous vous rappelez qu'une convention diplomatique a été conclue le 8 novembre 1864 entre la France, la Belgique, la Grande-Bretagne et les Pays-Bas, dans le but d'établir une aussi complète égalité qu'il serait possible de le faire dans le régime des sucres donnant lieu au commerce d'importation et d'exportation entre ces quatre pays. Comme il existe, dans chaque nation, des impôts différents, il a été convenu que, s'il était accordé un drawback ou une décharge de droit, ce ne serait qu'à la condition d'une corrélation exacte entre les droits d'entrée et les rendements réels de sucre pur donnés par les espèces nombreuses de sucres que l'on rencontre sur les marchés. Pour arriver à ce résultat, c'est-à-dire pour permettre d'établir les rendements des sucres et de calculer la valeur des drawbacks ou des décharges de droits d'après la proportion de sucre pur susceptible d'être extrait du sucre brut, l'article 2 de la convention de 1864 a disposé « qu'il serait procédé d'un commun accord, à frais communs, sous le contrôle collectif d'agents nommés par les gouvernements contractants et dans une localité désignée de concert, à des expériences pratiques de raffinage sur des sucres bruts de chaque classe et, autant que possible, de différentes origines, afin de constater leur rendement effectif. » L'article 3 ordonnait que « les résultats des expériences devraient être constatés à l'unanimité par les délégués des quatre gouvernements et terminés dans le délai d'un an. » Enfin les types hollandais étaient désignés par l'article 1 comme devant servir de classification. On sait que ces types reposent sur des nuances échelonnées de 1 à 20, ce dernier numéro étant le blanc parfait. Tous les ans on prépare à Amsterdam avec des sucres de Java les boîtes de types que le commerce accepte unanimement comme devant servir de régulateur dans les classifications. Je mets sous vos yeux une de ces boîtes (1).

Les expériences sur les rendements ont eu lieu à Cologne. Il en est résulté que, pour l'état de la fabrication des sucres en

(1) Elle renferme quinze flacons pleins et trois flacons vides, tous prismatiques à quatre faces verticales égales. Les premiers flacons sont remplis des sucres des nuances n°s 6 à 20, munis d'un bouchon en liége, surmonté d'un couvercle en étain estampé du numéro avec le mot *Java*, plus, en exergue, les mots *Bloemen et Gebhard-Amsterdam*; un caoutchouc assure la fermeture. Sur l'une des faces se trouve une étiquette portant : *Munster n°* 20 (ou autre n°). *N. H. M. Zeventiende Uitgave A°* 1872. — Les flacons vides, du même verre et de la même forme que les précédents, sont destinés à mettre les sucres dont la nuance est à déterminer par comparaison.

1865, on devait admettre les rendements suivants au raffinage : 1° au-dessous du type hollandais n° 7, 67 pour 100; entre les nos 7 et 10, 80; entre 10 et 15, 88; entre 15 et 19, 94; au-dessus du type hollandais 19, on n'a plus que des sucres blancs en poudre ou des raffinés pour lesquels on n'a pas à faire de calculs de rendement à l'exportation. Par conséquent, quatre types seulement, c'est-à-dire les nos 7, 10, 15 et 19, ont été établis pour l'application de la convention de 1864; ils sont préparés pour les besoins du commerce par les soins du ministère de l'agriculture et du commerce. Je mets la série sous vos yeux (1). Il y a quelque différence dans l'aspect avec les types d'Amsterdam, ce qui provient de ce que le sucre des types français est du sucre de Betterave et que celui des types hollandais est du sucre de Canne de Java. Quoi qu'il en soit, à partir de 1865, toutes les transactions commerciales internationales sur les sucres ont été basées sur les expériences de Cologne. Les rendements établis furent acceptés par les gouvernements pour calculer les restitutions de droits à la sortie, ou bien pour calculer les exportations que les fabriques placées sous le régime des entrepôts pourraient faire en sucres blancs pour 100 de sucre des diverses nuances reçus pour être soumis à leur travail. Mais, dès 1869, on reprocha aux types de ne plus être en rapport avec la vérité, et de donner lieu, sinon à des fraudes, du moins à des pratiques ayant pour résultat d'attribuer des primes payées par le Trésor public des États contractants aux raffineurs exporta-

---

(1) Les quatre flacons sont à base rectangle, de telle sorte que les quatre faces verticales sont inégales deux à deux; le bouchon est recouvert d'une feuille d'étain estampée portant ces mots : *Commissaires-experts* au centre, et *Ministère de l'agriculture et du commerce* en exergue; au lieu d'un caoutchouc autour du bouchon est une bande de papier portant les mots *types de sucre* avec un cachet en cire rouge marqué C. E.; sur l'une des petites faces verticales, une étiquette porte : *Types de sucres. — Convention du* 8 *novembre* 1864. Sur la face opposée se trouve une autre étiquette portant I 7, ou I 10, ou I 15, ou enfin I 19.

teurs, attendu que l'on était arrivé, dans l'industrie, à des rendements supérieurs à ceux résultant des expériences de Cologne. On a refait à Paris les types en 1870 en relevant les nuances, c'est-à-dire en faisant moins foncés les nos 7, 10 et 15. La communication des nouveaux types fut faite aux quatre puissances, qui les adoptèrent en 1871 ; toutefois ils ne furent signifiés aux fabricants qu'en avril 1872. De là de nombreuses réclamations qu'il a paru nécessaire d'examiner. Une campagne fut entreprise contre le système de la convention de Cologne dont on poursuivit la révision.

C'est dans ces circonstances qu'une demande d'avis a été adressée officiellement à la Société centrale d'agriculture de France par la lettre suivante :

« Versailles, le 15 mai 1872.

« MONSIEUR LE PRÉSIDENT,

« Vous savez qu'à l'occasion du projet de loi sur les sucres, en ce moment soumis à l'Assemblée nationale dans le but de remplir l'engagement pris par le gouvernement vis-à-vis des puissances signataires de la convention internationale de 1864, une certaine agitation s'est produite, en France et en Angleterre, en faveur du mode d'impôt appelé *impôt du sucre à la consommation.*

« Le système dont il s'agit a été préconisé à diverses époques, mais il avait été écarté jusqu'ici en raison des difficultés d'application qu'il semblait présenter. En présence des nouvelles manifestations qui se produisent, le gouvernement a résolu de soumettre à un examen approfondi ce nouveau mode de perception pour être définitivement fixé sur sa valeur pratique.

« Le Conseil supérieur du commerce, de l'agriculture et de l'industrie, ayant été réorganisé récemment, est appelé, par la nature même de son institution, à procéder aux études de cet ordre. En conséquence, il a été chargé d'examiner la question et de faire connaître le résultat de son examen.

« Dans sa séance générale du 9 de ce mois, le Conseil supérieur a remis, à une Commission choisie dans son sein, le soin d'entendre les délégués que les intérêts agricoles, industriels et commerciaux seraient disposés à désigner pour les représenter dans cette enquête. Les dépositions qui seront reçues par cette Commission serviront de base aux discussions du Conseil supérieur du commerce.

« Je vous serai obligé, monsieur le Président, de vouloir bien demander à la Société centrale d'agriculture de désisigner, parmi ses membres, les délégués qui désireraient être entendus par la Commission. Je vous remets ci-joints plusieurs exemplaires du questionnaire auquel les déposants auront à répondre. Lorsque j'aurai reçu votre réponse, que je vous prie de me faire parvenir aussitôt que possible, je m'empresserai d'adresser aux délégués de la Société que vous présidez une convocation spéciale.

« Recevez, etc.

« *Le premier vice-président du Conseil supérieur,*
« *président de la Commission,*

« Signé Pouyer-Quertier. »

La Société, dans sa séance du 22 mai, a renvoyé cette lettre, avec le questionnaire y annexé, à l'examen de la Section d'économie, statistique et législation agricoles, avec adjonction des membres compétents appartenant aux autres sections. Il en est résulté ainsi une Commission spéciale (1),

---

(1) Cette Commission spéciale s'est trouvée composée de MM. de Kergorlay, vice-président de la Société; Peligot, Dumas, Passy, Wolowski, Victor Borie, Drouyn de Lhuys, Moll, Gareau, Pluchet, Dailly; Barral, secrétaire perpétuel, *rapporteur*.

au nom de laquelle j'ai l'honneur de vous présenter ce Rapport.

Il a été décidé qu'aucun délégué ne pourrait représenter la Société dans son ensemble; que, si des membres étaient appelés devant la sous-Commission du Conseil supérieur du commerce, de l'agriculture et de l'industrie, ils ne pourraient faire que des dépositions ayant l'autorité de leur propre situation, mais n'engageant pas leurs collègues; que seulement les réponses délibérées en séance générale seraient regardées comme donnant l'opinion de la Société. Pour préparer ces réponses, il a été convenu que le questionnaire serait envoyé à ceux de nos membres correspondants qui sont connus pour s'occuper de la fabrication du sucre et de la culture des Betteraves, avec prière de faire parvenir leurs réponses, et qu'en outre la Commission spéciale entendrait des représentants de la raffinerie et de la fabrication du sucre indigène. Ce Rapport a pour but de placer sous vos yeux l'ensemble de cette sorte d'enquête intérieure, spéciale à notre Société, qui ne pouvait se prononcer dans un tel débat qu'après avoir examiné les faits.

L'agriculture française a le plus grand intérêt à la prospérité de la sucrerie indigène, car, partout où une fabrique de sucre de Betterave a été établie et a duré, on a vu tous les progrès agricoles lui faire successivement cortége : un plus nombreux bétail, des rendements plus élevés dans tous les genres de récoltes, des machines perfectionnées adoptées, l'emploi de tous les engrais pour maintenir ou accroître la fertilité du sol, une plus grande richesse et pour les propriétaires et pour les exploitants. Un de nos membres correspondants, M. Jacquemart, rapporteur de la Commission des sucres nommée par la Société des agriculteurs de France, a présenté, pour résumer l'importance de cette grande industrie agricole, une statistique saisissante que nous croyons utile de consigner ici :

« Pendant l'exercice 1871-1872 qui s'achève, 487 fabriques de sucre de Betterave, d'une valeur de 250 à 300 millions de francs, ont fonctionné (1).

« Elles ont employé :

« 1° 6 millions de tonnes de Betteraves d'une valeur de 125 millions de francs environ et représentant (2) la récolte de 150,000 à 160,000 hectares (3);

« 2° 750,000 à 800,000 tonnes de houille, etc.

« Elles ont payé aux populations rurales environ 50 millions de francs de main-d'œuvre, savoir :

« 16 millions de francs pour main-d'œuvre spéciale agricole pendant l'été;

« 30 à 34 millions de francs de main-d'œuvre industrielle pendant quatre mois d'hiver.

« Elles ont produit :

« 320 millions de kilogrammes de sucre brut (4);

« 155 millions de kilog. de mélasse;

« 1 milliard 300 millions à 1 milliard 400 millions de kilog. de pulpes (5);

« 640,000 mètres cubes de résidus formant un excellent engrais et répandus sur 12,800 hectares environ (6).

« La pulpe produite (1 milliard 350 millions de kilog.) représente la nourriture, pendant l'année entière, de 700,000 moutons (7) ou de 70,000 bœufs, c'est-à-dire la

(1) Plusieurs fabriques nouvelles, aujourd'hui en construction, seront en mesure de travailler pendant la campagne prochaine.

(2) Au prix moyen de 20 francs par 1,000 kilogrammes.

(3) 150,000 hectares à 40,000 kilogrammes de Betteraves représentant 6 milliards de kilogrammes; 40,000 kilogrammes de Betteraves à 20 francs les 1,000 kilogrammes représentant 800 francs par hectare.

(4) 6 milliards de kilogrammes de Betteraves à 5.5 pour 100 représentent 320 millions de kilogrammes de sucre.

(5) La pulpe est évaluée de 20 à 22 pour 100 de la Betterave = 1 milliard 300 millions à 1 milliard 400 millions de kilogrammes.

(6) 1 million de kilogrammes de sucre : 2,000 mètres cubes : : 320 millions de kilogrammes : x = 640,000 mètres cubes, à environ 50 francs par hectare, fument 12,800 hectares.

(7) 5.3 kilogrammes de pulpe par tête et par jour, soit 1,936 kilogrammes par an.

nourriture du bétail nécessaire pour cultiver 70,000 hectares de terre dans de très-bonnes conditions de fumure.

« En résumé, l'industrie sucrière produit non-seulement 320 millions de kilog. de sucre et 155 millions de kilog. de mélasse, mais encore la nourriture d'un nombreux bétail et de grandes quantités d'engrais (1). De là, une production importante de viande, une fertilité plus grande du sol et un rendement plus considérable en Blé.

« En outre, elle procure à nos campagnes, et principalement pendant la mauvaise saison, des travaux importants ; elle y retient les populations, augmente leur bien-être et développe singulièrement leur intelligence par le maniement d'appareils perfectionnés et variés. »

Il faut ajouter les raisons des excellents résultats donnés par l'industrie sucrière. A cause de sa composition chimique, le sucre peut être exporté du sol sans rien enlever à sa richesse, car il ne contient que des éléments carbonés, oxygénés et hydrogénés que la plante saccharifère emprunte à l'atmosphère, et il n'enlève à la terre aucune des matières qui en constituent la fertilité. L'exportation du sucre, surtout du sucre raffiné ou pur, laisse, en France, toute la richesse du sol national, comme, d'un autre côté, la culture de la Betterave oblige le cultivateur à faire des labours profonds et à employer de nombreux engrais. En outre, la vente des racines et la reprise des pulpes lui donnent, d'une part, de l'argent, et, d'autre part, de la nourriture pour son bétail. Sa situation s'améliore donc chaque jour. L'emploi des résidus de la distillation des mélasses et de tous les détritus et résidus de la fabrication et du raffinage du sucre rend à l'agriculture d'abondants engrais qui servent non-seulement pour continuer la production de la Betterave,

(1) Les engrais suffisent à la culture de 70,000 + 12,500 = 82,500 hectares.

mais encore pour accroître celle des céréales et de tous les autres produits agricoles.

En présence de ces faits, la Société centrale, qui a suivi avec sollicitude les progrès de la sucrerie indigène depuis son origine et qui a compté dans son sein quelques-uns de ses fondateurs et de ses représentants les plus célèbres, Chaptal, Tiburce Crespel, Crespel-Dellisse père, Decrombecque, Benjamin Delessert, Mathieu de Dombasle, Vauquelin, ne pouvait manquer de saisir cette occasion de marquer combien elle attache d'intérêt à ce que les lois d'impôts ne viennent en rien entraver le développement de la culture de la Betterave, de la fabrication du sucre qu'on en extrait, ainsi que de la raffinerie. Il est de la plus haute importance que la France reste le plus grand marché de sucre de l'Europe.

Sept de nos membres correspondants, MM. Corenwinder, Constant Fiévet et Gustave Hamoir, dans le département du Nord; marquis d'Havrincourt et comte de Marne, dans le Pas-de-Calais; Jacquemart, dans l'Aisne; Bertin, dans la Somme, comptent parmi les plus éminents représentants de la sucrerie indigène et de la culture de la Betterave sur une grande échelle. Ils nous ont envoyé soit des réponses détaillées au Questionnaire du Conseil supérieur de l'industrie, de l'agriculture et du commerce, soit leur opinion sur l'ensemble de la question.

L'un d'eux, M. Jacquemart, est venu devant votre Commission discuter contradictoirement avec M. Clerc, représentant de la raffinerie; ils ont mis tous les deux la plus grande complaisance et la plus grande loyauté dans leurs explications.

MM. Fiévet, Hamoir et de Marne ont répondu à presque toutes les questions. M. Jacquemart a donné les réponses de la Commission spéciale de la Société des agriculteurs de France dont il a été l'organe, ainsi qu'il a été dit plus haut.

M. Corenwinder a écrit à la Société « que le Comité des fabricants de sucre de l'arrondissement de Lille, dont il est le président, a adhéré sans réserve à l'opinion émise par le Comité central en réponse aux questions posées par le Conseil supérieur du commerce sur la législation des sucres. » En conséquence, nous devons regarder les réponses détaillées de ce Comité comme formant les siennes propres. Nous avons ainsi à mettre sous vos yeux cinq réponses spéciales à chacune des dix-neuf questions posées.

En outre, nous avons reçu deux réponses générales sur l'ensemble du débat. C'est d'abord M. le marquis d'Havrincourt, ancien député, qui a écrit à la Société que, dès 1864, il avait conclu, dans une brochure intitulée « la *Question des sucres*, par M. le marquis d'Havrincourt, député, » à la nécessité de n'imposer le sucre qu'au moment de son entrée dans la consommation : « La mobilité de la législation, les nombreux et infructueux essais, nous a-t-il écrit, tentés pour remédier aux inconvénients des types, prouvent que cette base de l'assiette de l'impôt est profondément défectueuse. Si, au lieu d'établir l'impôt sur un produit incomplet en cours de fabrication et d'après des nuances de convention qui ne représentent pas la richesse du sucre, on l'établissait sur le produit achevé, au moment où il va entrer dans la consommation, toutes les difficultés à l'intérieur comme à l'extérieur tomberaient comme par enchantement, et tout deviendrait clair et facile pour le Trésor, pour le travail intérieur, pour l'exportation. »

Enfin, M. Bertin, de Roye, membre correspondant pour le département de la Somme, nous a envoyé son avis motivé dans les termes suivants :

« Aujourd'hui un fait domine tout le débat, c'est que les fabricants de sucre de France, de Belgique et de Hollande, les raffineurs anglais, belges et hollandais, demandent que la convention internationale de 1864 soit revisée. Ils ont déclaré, dans la réunion de Bruxelles, que cet acte n'avait pas donné les bons résultats qu'on en attendait. Les raffineurs français, seuls, veulent le maintien d'un état de choses qui leur profite exclusivement.

« La base de l'impôt du sucre est actuellement la nuance, base fautive, vous le savez, et qui permet aux raffineurs de faire entrer dans la consommation française des quantités de sucre qui ne payent pas de droits, ou bien, profitant des excédants de rendement, d'arriver sur le marché de Londres pour écraser la raffinerie anglaise et priver bientôt les fabricants français d'un débouché très-important et indispensable. En résumé, l'intérêt de l'agriculture française est de favoriser le développement de la culture de la Betterave et la sucrerie indigène. Le Comité central des fabricants de sucre et la Société des agriculteurs de France demandent unanimement la suppression des types avant tout et l'établissement de l'impôt à la consommation. Il n'y aurait pas de difficulté dans l'application ; les candis et les sucres en *pains* payeraient le droit actuel, et les autres sucres (ceux en poudre, par exemple) pourraient jouir d'un droit différentiel de 4 à 5 fr. par 100 kilogrammes. Les raffineurs s'effrayent à tort de l'exercice ; toutes les fabriques sont exercées depuis très-longtemps, les fabriques raffineries le sont encore ; en résumé, l'exercice n'est gênant que pour les fraudeurs. »

Comme il est question, dans cette Note de M. Bertin, du Congrès sucrier de Bruxelles, nous mettrons ici, afin de faire disparaître toute obscurité sur les faits, le texte exact d'un extrait du procès-verbal de cette réunion :

« Au point de vue du vote, l'assemblée s'est divisée en huit groupes correspondant aux intérêts divers représentés et à chacun desquels une voix a été attribuée.

« 1° *Raffineurs anglais,* représentés complétement par un délégué ;

« 2° *Fabricants anglais,* représentés complétement par un délégué ;

« 3° *Raffineurs belges,* représentés partiellement par le délégué d'un grand nombre de raffineurs d'Anvers ;

« 4° *Fabricants belges,* représentés complétement par un délégué ;

« 5° *Raffineurs français,* représentés partiellement par le délégué de trois raffineries;

« 6° *Fabricants français,* représentés complétement par un délégué;

« 7° *Raffineurs hollandais,* représentés presque complétement par le délégué des sept raffineries d'Amsterdam;

« *Fabricants hollandais,* représentés complétement par un délégué.

« Voici maintenant comment les voix se sont réparties :

« 1re *Question.* — La convention de 1864 a-t-elle atteint son but?

« Cette question a été résolue négativement par six voix contre deux (celles des raffineurs belges et français), qui se sont abstenues, en déclarant ne pouvoir répondre simplement oui ou non à une telle question.

« 2° *Question.* — Y a-t-il lieu de la reviser immédiatement?

« Cette question a été résolue affirmativement par quatre voix (raffineurs anglais, fabricants anglais, fabricants français, fabricants belges), contre un vote négatif (celui des raffineurs belges), et trois abstentions formulées par :

« 1° *Les raffineurs français* qui ont déclaré vouloir la suppression des abus signalés dans l'exécution de la convention, mais non la suppression de la convention elle-même;

« 2° *Les raffineurs hollandais* qui ont déclaré craindre des règlements vexatoires dans l'application du régime nouveau proposé;

« 3° *Les fabricants hollandais* qui ont déclaré n'avoir pas de mandat sur ce point.

« 3° *Question.* — Proposition de recommander aux quatre puissances l'étude du système d'impôt à la consommation pour remplacer le régime actuel.

« Cette proposition a été adoptée par cinq voix (raffineurs anglais, fabricants français, fabricants belges, raffineurs hollandais), contre deux (raffineurs français, raffineurs belges), et une abstention (fabricants hollandais). »

On voit que l'isolement des raffineurs français n'est pas aussi absolu qu'on l'a dit en ce qui concerne les opinions dans le débat actuel. Il n'y a eu, au congrès sucrier de Bruxelles, de majorité bien décidée que pour demander l'étude des résultats de la convention de 1864 et son amélioration, s'il y avait lieu. La raffinerie française, qui compte quarante usines, dont sept ou huit d'une très-grande importance, doit être considérée comme l'auxiliaire des quatre cent quatre-vingt-sept fabriques indigènes, et il est probable que tout antagonisme cessera entre ces deux belles industries, si elles sont placées sous le même régime fiscal.

Ces préliminaires posés, nous allons successivement grouper, dans ce Rapport, les réponses de nos correspondants au questionnaire officiel, en les commentant ou les complétant par suite des explications qui ont été échangées devant nous.

A. — Impôt du sucre à la consommation.

1° *Quels peuvent être, en moyenne, dans l'état actuel de l'industrie du raffinage, les rendements effectifs de chacune des quatre classes de sucres bruts admises aujourd'hui pour l'exportation aux rendements légaux de* 67, 80, 88 *et* 94 *pour* 100? *Quels sont les rendements maxima de chaque classe?*

Cette question domine tout le débat, et cependant c'est celle sur laquelle règne le plus grand désaccord. Il semblerait que, comme elle est une question de fait, on devrait trouver des constatations à l'abri de toute discussion. Il nous paraît probable qu'il faut attribuer les variations que l'on rencontre à ce que la fabrication est appelée à traiter des Betteraves de composition très-variable pour lesquelles les résultats ne peuvent pas être identiques, mais doivent varier selon les terrains et les climats, aussi bien que selon les appareils de fabrication et l'habileté des fabricants.

M. Constant Fiévet estime que, pour les sucres au-dessous du n° 10, il y a, en moyenne, 7 pour 100 de plus dans le rendement effectif que dans le rendement légal ; l'excédant s'élève à 5 pour 100 pour les sucres entre les nuances 10 et 15 ; à 1 pour 100 pour les sucres entre les nuances 15 et 19. Voici comment il s'exprime :

« Les rendements effectifs de chacune des quatre classes de sucres admises aujourd'hui aux rendements légaux de :

1° 67 sont en moyenne de	74	et au maximum de	76
2° 80 —	87	—	92
3° 88 —	93	—	93
4° 94 —	95	—	96

« A l'appui des chiffres que j'avance, je donnerai le rendement obtenu dans la raffinerie de Wandignies (Nord), soumise à l'exercice du 1er septembre 1852 au 31 août 1864. Dans cet établissement le rendement en sucre a été, d'après les livres de la régie, de 88 kilog. 900 par 100 kilogrammes de sucre du premier type (type représentant le n° 10 actuel). »

La différence entre les rendements effectifs et les rendements légaux serait d'autant moindre, on le voit, que la classe des sucres est plus élevée.

On doit conclure de la réponse de M. le comte de Marne qu'il n'y aurait un avantage en faveur du raffineur que pour les sucres au-dessous du n° 7.

« Les rendements effectifs moyens des quatre classes de sucres bruts, dont les rendements légaux sont aujourd'hui de 67, 80, 88 et 94, se chiffrent réellement, à mon avis, dit notre correspondant, 70, 80, 86 et 92.

« Les rendements maxima et minima peuvent varier sur ces derniers chiffres mêmes de 4 à 5, et ces différences montrent combien il est irrationnel d'estimer le rendement d'après la nuance des sucres, comme le fait la législation en vigueur, et d'asseoir la taxe également sur cette nuance, considérée comme criterium de la richesse. »

M. Gustave Hamoir ne donne pas de chiffres sur les rendements, mais il affirme que les avantages de raffiner les sucres de basses nuances sont tels que les raffineurs encouragent particulièrement la production de ces sortes de sucres. Il s'exprime ainsi :

« Les raffineurs donnent une prime aux sucres de basses nuances dépassant le rendement légal, et les fabricants s'appliquent à produire de plus en plus de ces sucres, bouleversant ainsi la question de rendement basé sur les types. On en est arrivé à ce point que la nuance d'un sucre ne représente plus du tout sa richesse et reste un leurre pour déterminer un rendement au raffinage. »

Le raffinage des sucres des basses nuances ferait profiter, on le comprend, les raffineurs qui se livrent à l'exportation de tout l'excès du droit restitué par le Trésor qui rendrait, contrairement à la convention de 1864, une somme plus forte que celle payée. On n'aurait soldé l'impôt que pour 67 ou 80 kilogrammes de sucre, et les raffineurs recevraient un drawback pour 74 ou 88.

En partant de là, on arrive à établir de très-grands bénéfices légalement faits par les raffineurs, mais préjudiciables à la fois et au Trésor public et aux fabricants, ainsi que M. Jacquemart l'expose dans la Note suivante qu'il nous a remise, et qui n'est autre que celle qu'il a rédigée au nom de la Commission de la Société des agriculteurs de France :

« Depuis la convention de 1864 et jusque vers la fin de 1871, les transactions sur les sucres et les impôts qui pèsent sur eux avaient pour base des types dont la nuance était censée, comme aujourd'hui, indiquer la richesse.

« En 1869, la conférence internationale avait constaté

que les types de sucre de betterave étaient détériorés, qu'ils n'étaient plus conformes à ceux de la convention, et, vers la fin de 1871, ils furent renouvelés en France. Les nouveaux types sont de couleurs plus claires que les anciens, et, chose singulière, plus claires de deux ou trois nuances que ceux des Hollandais de 1870.

« Notre intention n'est pas de revenir sur le régime des anciens types. Nous nous bornerons à constater que la raffinerie l'avait accepté et qu'elle ne s'en plaignait pas. »

« Nous pourrions peut-être, en nous appuyant sur des pièces officielles qui sont entre nos mains, établir que, dans des raffineries proprement dites et exercées, comme celle de Wandignies (Nord) l'a été de 1853 à 1864, les anciens types laissaient au raffineur de 3 à 4 pour 100 de boni. Mais une telle affirmation donnerait lieu à un débat rétrospectif et par conséquent stérile. Laissons donc le passé pour nous occuper du régime nouveau.

« Nous avons pris les éléments des calculs que nous allons vous soumettre, pour apprécier les vices du système actuel et les pertes supportées par le Trésor, dans les tableaux officiels des contributions indirectes pour les années 1869, 1870 et 1870-71, et dans ceux de la douane.

« Ce qu'on appelle le retour aux types de la convention a eu pour conséquence de faire remplacer récemment les types en usage en France, depuis plusieurs années, par des types de nuances plus claires, et de faire baisser d'un rang toutes les classes de sucres, jusque et y compris les 15/18.

« 179,500,000 kilogrammes de sucre indigène ont été ainsi déclassés annuellement, savoir :

« 1° 22,500,000 kilogrammes de sucres 7/9, au titre *légal* de 80 pour 100 de sucre, descendent dans la classe au-dessous de 7, à laquelle on ne demande qu'un rendement *légal* de 67 pour 100. Ainsi, pour chaque 100 kilog. de ces 7/9, 13 kilog. de sucre (80 — 67) échappent à l'impôt ; ce qui, pour cette catégorie, représente 13 × 225,000 = ... 7,425,000[k]

« 2° 130 millions de 10/14 au titre légal de 88 pour 100 dans la classe 7/9, au rendement *légal* de 80, d'où, par chaque 100 kilogrammes de ces 10/14, 8 kilogrammes de sucre (88 — 80) échappent à l'impôt ; ce qui, pour cette catégorie, représente 1,300,000 × 8 = ... 10,400,000

« 3° 27 millions de 15/18 au titre *légal* de 94 pour 100 descendent dans la classe 10/14 au rendement *légal* de 88 pour 100, d'où, par 100 kilogrammes de ces 15/18, 6 kilogrammes échappent à l'impôt ; ce qui, pour cette catégorie, représente 270,000 × 6 = ... 1,620,000

« Total du sucre échappant à l'impôt. 19,445,000

« Ce qui, à raison de 71 fr. 60 cent. d'impôt (1) par 100 kilogrammes, représente 13,922,000 francs.

« Telle est la perte afférente aux 179,000 kilogrammes de sucre de Betteraves déclassés.

« Telle serait aussi la perte du Trésor, par suite du renouvellement des types, si tous les sucres étaient employés en France.

« Elle correspond à la production de 290 millions de sucres indigènes bruts et à l'introduction de 200 millions (2) de sucres bruts, c'est-à-dire à un total de 490 millions de kilogrammes mis à la disposition du commerce.

« Sur ces 490 millions de kilogrammes de sucre contenant

(1) 64 fr. 50 cent., impôt moyen pour 90 ; 71 fr. 60 cent., impôt pour 100.

(2) 1869, 202 millions ; 1870, 199 millions.

les éléments de la perte du Trésor, on a exporté en moyenne, en 1869, 1870 et 1871 :

« 1° Sucres bruts. 72,000,000k

« 2° Sucres raffinés, 95 millions de kilogrammes, représentant en brut au coefficient 113. 108,000,000

Total exporté en brut par. 180,000,000

« Il faut diminuer la perte du Trésor, ci-dessus indiquée, de la quantité correspondante au chiffre de l'exportation et calculée sur les mêmes bases (490 : 13.9 :: 180 : x), soit : 5,220,000 francs.

« D'où la perte, pour le Trésor, se réduirait, *sur les sucres consommés à l'intérieur* et par suite du renouvellement des types, à 8,700,000 francs.

« Mais cette modification n'est pas l'unique cause des pertes du Trésor ; il en existe une autre presque aussi importante, que nous allons vous signaler, et qui résulte d'une disposition toute particulière des règlements, et qu'on appelle admissions temporaires. Étudions-en les effets.

« Si l'on tient compte du poids et du titre légal de chaque catégorie de sucre, on reconnaît que le *titre légal moyen de tous les sucres bruts* est de 90.40 à 90.50 pour 100 (1), pour les deux exercices 1869-70 et 1870-71. Nous admettons seulement 90 pour 100, c'est-à-dire qu'en *moyenne* 100 kilogrammes de sucre brut, entrant dans la raffinerie, produiront légalement 90 kilogrammes de sucre raffiné.

« De ce qui précède, il résulte que lorsqu'on exporte 90 kilogrammes de raffiné, qui sont le produit moyen de tous les sucres, bons ou mauvais, entrés en raffinerie, on devrait créditer le raffineur de 100 kilogrammes de sucre brut.

(1) 90.40 pour 1869-1870.
90.50 pour 1870-1871.
90.98 pour 1871-1872, 31 mars.

« Mais les choses ne se passent pas ainsi. Les raffineurs ont la faculté de déclarer à l'avance qu'ils destinent à l'exportation les sucres à provenir de telles qualités et de telles quantités de sucres qu'ils font enregistrer, comme s'ils devaient les traiter séparément des autres sucres ; c'est ce qu'on appelle les admissions temporaires.

« Nous savons qu'en 1869 les admissions temporaires, qui n'ont pas diminué depuis, se sont élevées à 125 millions de kilogrammes composés de sucres aux plus bas titres, savoir :

		Rendement légal.
Sucres au-dessous de 7.	9,500,000	à 67 p. 100.
— de 7/9.	45,000,000	à 80 —
— de 10/14. . .	67,500,000	à 88 —
— de 15/18. . .	3,000,000	à 94 —

« Voici les conséquences de ce système. Quand un raffineur exporte 67 kilogrammes de raffiné, on le crédite de 100 kilogrammes de sucre au-dessous de 7, au titre *légal* de 67 pour 100, comme si les 67 kilogrammes raffinés étaient le produit *spécial* des 100 kilogrammes de sucre brut au-dessous de 7, tandis qu'ils sont le produit de tous les sucres entrés en raffineries, au titre moyen de 90. Le raffineur ne devrait donc être crédité de 100 kilogrammes de brut que pour une exportation de 90 kilogrammes de raffiné. L'État perd ainsi l'impôt sur 90 — 67, c'est-à-dire sur 23 kilog. de sucre par 100 kilogrammes de brut au-dessous de 7, soit pour 9,500,000 kilogrammes. 2,185,000

« L'État perdra de même l'impôt sur 10 kilogrammes (90 — 80) par 100 kilogrammes de sucre 7/9 déclaré, soit pour 45 millions de kilogrammes. 4,500,000

« Il perdra encore l'impôt sur 2 kilog. (90 — 88) par 100 kilogrammes de sucre 10/14 déclaré, soit pour 67,500,000 kilogrammes. 1,350,000

8,035,000

« C'est-à-dire qu'en 1869 l'État, par suite des admissions temporaires, perdait l'impôt sur 8 millions de kilogrammes de raffinés. A 47 francs par 100 kilogrammes, cela représente 3,760,000 francs.

« Mais aujourd'hui la perte est plus considérable, parce que l'impôt est de 71 fr. 60 cent. au lieu de 47 francs, et surtout parce que les types ayant été renouvelés, les sucres 7/9, comme nous l'avons déjà dit, sans perdre un degré de leur valeur intrinsèque, 80 pour 100, ont été mis dans la classe au-dessous de 7, au rendement *légal* de 67 pour 100.

« De même, les sucres 10/14, au rendement *légal* de 88 pour 100, sans perdre un degré de leur valeur intrinsèque, ont été mis dans la classe 7/9, au rendement *légal* de 80 pour 100.

« De même, des 15/18, au rendement de 94, sont devenus des 10/14, au rendement *légal* de 88 pour 100.

« D'où il résulte que les admissions temporaires ont été modifiées, et que les 125 millions de kilogrammes qui les composaient sont représentés comme suit :

« Sucre au-dessous de 7, 54,500,000 kilogrammes, au lieu de 9,500,000, à 67 pour 100, soustrayant à l'impôt (90—67) = 23 pour 100 de sucre = ...	12,535,000^k
« Sucre 7/9, 67,500,000, au lieu de 45 millions, à 80 pour 100, soustrayant à l'impôt (90 — 80) = 10 pour 100 de sucre = .	6,750,800
« Sucre 10/14, 3 millions à 88 pour 100, soustrayant à l'impôt (90 — 88) = 2 pour 100 de sucre = ...	60,000
« TOTAL du sucre échappant à l'impôt par suite des admissions temporaires.	19,340,000

« Ce qui, à raison de 71 fr. 60 cent. pour 100 kilog., représente 13,847,000 francs.

« Cependant la raffinerie est fondée à dire : Si l'on ne nous décharge de 100 kilogrammes de brut que pour une exportation de 90 kilogrammes de raffiné, parce que la richesse moyenne du sucre traité en raffinerie est de 90 pour 100, il serait juste alors de nous tenir compte, pour les sucres exportés, du *droit moyen* dû pour les sucres entrés en raffinerie. Or le droit moyen est de 64 fr. 50 cent. par 100 kilogrammes, tandis que celui imputable aux 125 millions de kilogrammes de sucres déclarés pour les admissions temporaires est de 63 par 100 kilogrammes ; on nous doit donc 1 fr. 50 cent. par 100 kilogrammes de ces 125 millions de sucre déclarés, soit 1,875,000 francs. Cette somme étant déduite des 13,847,000 francs ci-dessus, il resterait pour la perte annuelle supportée par le Trésor, par suite des admissions temporaires, la somme de 11,972,000 fr.

« Mais, d'après les renseignements que nous avons pu nous procurer, les 6/10 seulement des sucres inscrits aux admissions temporaires sont des sucres de Betterave. Les 4/10 complémentaires sont des sucres coloniaux et exotiques dont les types n'ont pas été renouvelés ; par conséquent, la perte ci-dessus doit être réduite à 6/10, c'est-à-dire à 11,972,000 × 0.6 = ... 7,182,000f

« Cette perte, jointe à celle déjà trouvée sur la consommation intérieure, qui est de . . 8,700,000

porte au total de. 15,882,800

la perte subie par le Trésor, par suite du régime actuel des types et des admissions temporaires.

« Nous pourrions ajouter que sous le régime des anciens types il y avait déjà, en faveur de la raffinerie, un boni de 3 à 4 pour 100. Admettons seulement 3 pour 100, cela représente, sur les 400 millions de kilogrammes de sucre traités en France, 12 millions de kilogrammes soustraits à l'impôt et une perte de 8,500,000 francs d'impôts.

« Cette perte, qui devrait s'ajouter aux précédentes, porterait la perte annuelle du Trésor, sur les sucres, au total de 24 millions de francs.

« Ces millions, que le Trésor ne reçoit pas, accroissent,

pour partie, les bénéfices de la raffinerie, et servent, pour partie, à faire aux dépens de l'État, au profit des consommateurs étrangers et au détriment de la sucrerie indigène, une concurrence telle, aux acheteurs étrangers de nos sucres bruts, qu'ils renoncent à la lutte.

« Nous croyons qu'un système aussi compliqué, aussi essentiellement vicieux, aussi contraire à toutes les notions d'une saine économie politique, sera définitivement et absolument condamné. »

La perte par le Trésor, par suite du régime actuel des sucres, serait donc, d'après M. Jacquemart, de près de 16 millions de francs, somme qui serait en partie employée par les raffineurs pour triompher de tous leurs concurrents sur les marchés étrangers, pour faire la loi à tous et imposer particulièrement leurs conditions aux fabricants de sucre indigène.

Le Comité central des fabricants de sucre n'est pas aussi affirmatif; il ne pense pas qu'on puisse donner des chiffres précis pour évaluer l'excédant du rendement effectif par rapport au rendement légal, mais il admet que la classification des sucres d'après la nuance est un moyen de faciliter les fraudes. Il s'exprime en ces termes :

« On ne peut faire de réponse précise à cette question. La nuance est moins que jamais un indice suffisant de la richesse des sucres.

« On s'en sert, au contraire, comme d'un moyen pour éluder l'impôt.

« L'habileté des fabricants s'applique à faire des sucres riches sous une nuance basse.

« Le raffineur, guidé par l'analyse, paye ces sortes de sucres en raison de leur excédant de richesse sur le rendement légal.

« Ainsi on peut produire des sucres au-dessous de 7, au rendement légal de 67, qui titrent 75, 77 et même davantage; des sucres 7 à 9, rendement légal 80, qui titrent à

84, 86 s'ils proviennent des appareils dans le vide, et 90, même 92, s'ils sortent du travail à air libre. Un raffineur en a acheté récemment 5,000 sacs au titre moyen de 88.10.

« Il en est de même pour les classes suivantes.

« Le sucre plus riche que sa nuance est surpayé ; ainsi on achète en ce moment :

Les sucres au-dessous de 7.	80 et 81 fr. les 88 degrés.
— de 7 à 9.	78
Pendant que les 10 à 14 valent. . .	75
Et les 15 à 19.	73

« Mais nous devons dire que la plus-value qu'indiquent ces cours dépasse la moyenne habituelle, par l'effet de certaines circonstances commerciales et notamment du trafic des certificats de sortie. Cependant déjà, pour la campagne prochaine, on achète les sucres à livrer 7 à 9 avec un avantage marqué.

« Tout sucre qui a une richesse supérieure au rendement légal de sa classe est déclaré pour l'admission temporaire. Les sucres qui ne sont qu'au titre de leur classe ou au-dessous sont ordinairement délaissés et abandonnés au commerce étranger.

« Nous ajouterons qu'au moyen de l'osmose, qui enlève les sels et brunit les sucres, on produit des sucres de nuances inférieures qui ont un titrage d'autant plus élevé qu'il y a moins de sels.

« De ces considérations il ressort que la conséquence du maintien du régime des types sera d'accroître la production des sucres roux et d'entraver le progrès dans la fabrication. »

Le fait de l'excès de rendement effectif comme étant général en fabrication est tout à fait nié par les raffineurs. M. Clerc, en leur nom, a déclaré que quelquefois, pour les sucres au-dessous du n° 7, mais exceptionnellement, on a eu un rendement de 72 au lieu de 67 ; qu'en somme il y avait très-peu de différence entre le rendement effectif moyen et le rendement légal moyen dans une grande fabrication. Il en a donné comme preuve l'extrait de ses livres portant sur une fabrication de **12** à **13** millions de kilogrammes pendant les trois années **1869**, **1870**, **1871**. Voici cet extrait, qu'il a certifié exact :

Rendement de la raffinerie Clerc, Urbain et comp.

1° 1869.

Sucre acquitté,	352,243 kil.	au rendement de 67 p. 100 au-dessous de 7.
—	2,930,488	— 80 p. 100 7 à 9.
—	2,097,546	— 88 p. 100 10 à 15.
—	1,895,987	— 94 p. 100 15 à 19.
—	4,745,675	— 97 p. 100 au-dessus de 20.
	12,021,939	Rendement moyen légal. 89.90

Rendement réel, pains.	76.77	88.17
Pour 10/15, moyenne 12.95 p. 100, à 88 p. 100.	11.40	
Différence en moins.		1.83

Mélasse (pour mémoire), 9.05 p. 100.

2° 1870.

Sucre acquitté,	102,053 kil.	au rendement de 67 p. 100.
—	3,719,727	— 80 p. 100.
—	2,648,049	— 88 p. 100.
—	2,407,175	— 94 p. 100.
—	4,508,092	— 97 p. 100 au-dessus de 20.
	13,385,096	Rendement moyen légal. 90.28

Rendement réel, pains.	76.28	88.48
Poudres (10/15 en moyenne) 13.86 à 88 p. 100.	12.20	
Différence en moins.		1.80

Mélasse (pour mémoire) 8.02 p. 100.

3° 1871.

Sucre fondu,	277.000 kil.	au rendement de 67 p. 100.
—	2,006,000	— 80 p. 100.
—	4,471,000	— 88 p. 100.
—	1,248,900	— 94 p. 100.
—	4,196,000	— 97 p. 100.
	12,198,900	Rendement moyen légal, 89.90

Rendement réel, pains.	76.20	90.08
Plus 15.58 poudres au rendement de 88, soit.	13.88	
Rendement légal.		89.90
Différence en plus.		0.18

(Plus 6.64 mélasse.)

En 1869 et 1870, rendement de 1.81 au-dessous du rendement légal.

M. Jacquemart, sans contester l'exactitude des résultats fournis par M. Clerc, a pensé qu'on pouvait expliquer le peu de différence entre les rendements effectifs de sa raffinerie et les rendements légaux, par ce fait, que, probablement, les sucres exotiques s'y trouvaient travaillés en proportion considérable. Or ces sucres ne présentent pas les écarts de rendement des sucres indigènes. A cette objection, M. Clerc a répondu par l'extrait suivant de ses livres, qui prouve que, pendant les trois années, **1869, 1870, 1871**, les sucres exotiques ne sont entrés, surtout en ce qui concerne les bas degrés, que pour une faible proportion dans sa fabrication :

Sucres exotiques fondus dans la raffinerie Clerc Urbain.

1869.

Au-dessous de 7.	150,894 kilog.
7/9.	536,649
13/15.	1,267,000
15/19.	163,000
Blancs.	1,452,000

1870.

Au-dessous de 7.	53,507 kilog.
7/9.	326,674
10/15.	992,000
15/19.	450,000
Blancs.	2,177,000

1871.

Au-dessous de 7	»
7/9	16,690 kilog
10/15	129,000
15/19	»
Blancs	149,231

M. Jacquemart a néanmoins persisté dans son dire relativement au grand écart entre le rendement réel et le rendement légal, surtout en ce qui concerne les basses nuances, qui n'entrent que pour une fraction insignifiante dans les relevés de fabrication de M. Clerc. Il nous a signalé notamment ce fait que, chez M. Clerc lui-même il s'était produit un changement notable depuis que les types avaient été relevés. L'ancien 15, par exemple, est devenu le n° 10 actuel, et pendant quelque temps le changement a profité aux raffineurs seuls, puisque les fabricants n'en ont pas été immédiatement avertis.

Il s'était produit, en fait, une altération véritable, [avec le temps, dans les types fournis par le ministère de l'agriculture français. Les sucres des échantillons avaient bruni sans qu'on se fût expliqué par quelle cause le phénomène s'était produit. Par conséquent, les rendements n'étaient plus en rapport avec ceux déterminés par les expériences de Cologne. Il est donc désirable que les types soient refaits tous les ans.

D'un autre côté, la loi devait établir une échelle tout à fait proportionnelle entre les droits et le rendement, tandis que la loi actuelle présente un défaut de relation pour les droits à l'intérieur et les rendements à l'extérieur.

Il y aurait lieu, d'ailleurs, de rechercher, par des expériences directes qu'il serait intéressant d'entreprendre, à quelles causes est dû le brunissement des types anciens, brunissement qui se produit avec le temps, et de voir si cette altération de couleur coïncide avec un changement dans la richesse en sucre cristallisable.

Les délégués des raffineurs anglais, se basant sur des analyses, ont prétendu, devant nous, établir que les sucres provenant des fabriques françaises devaient nécessairement donner aujourd'hui un rendement plus grand, pour les mêmes nuances, que lors des expériences de 1864. Comme l'impôt, en Angleterre, a diminué, qu'au contraire il a augmenté en France, de telle sorte que l'impôt français est cinq fois plus élevé que l'impôt anglais, il doit en résulter pour les raffineurs français, lorsqu'ils exportent, une prime cinq fois plus forte que celle que les raffineurs anglais conviennent de toucher parfois au trésor britannique. Toutefois, la douane anglaise, prévenue du fait, ne se contenterait plus d'apprécier le droit à restituer d'après les nuances; elle aurait recours à des déterminations saccharimétriques, dans tous les cas douteux. D'après ce dire des raffineurs anglais, la convention de 1864 ne serait plus exécutée exactement, et il en résulterait une nouvelle condamnation de l'emploi des types comme unique mesure de rendement, surtout en ce qui concerne les basses nuances.

M. Clerc a fait remarquer qu'aujourd'hui les raffineurs, en France, n'ont pas d'intérêt à raffiner les sucres offrant un rendement supérieur à celui assigné par les types. En effet, les sucres bruts s'achètent aux 88 degrés saccharimétriques, selon qu'ils appartiennent à telle ou à telle classe; quant aux sucres blancs en poudre et sucres raffinés, ils se partagent en trois types : 1, 2 et 3, le numéro 3 étant le plus bas, et une différence de 1 franc se faisant dans le prix quand on passe d'une classe à l'autre. Lorsque, à l'analyse, le titre est supérieur à 88 degrés, on rend 1 fr. 25 cent. ou 1 fr. 50 cent. au fabricant, de même qu'on retient la même somme, si le titre est inférieur à 88 degrés.

A l'appui de ce dire, M. Clerc a déposé la copie suivante du libellé d'une facture.

Doivent messieurs Clerc Urbain et comp.
à Derégnaucourt-Largillière et comp.

		Base : 63 fr. les 88°.		
		—		
88° 78.185		100 tonnes titre 78°.185.		
9,815 1.25		Net k°s 100,000. Fr. 50.73125.	5,073	10
49075 1.9640 9.815		Base. 63 f. Moins 12.26875		
12.26875		50.73125		

On voit, par cette pièce, que le commerce des sucres est arrivé à faire un véritable titrage. Il y a, par conséquent, lieu de se demander si la douane ne pourrait pas également y avoir recours. Toutefois il faut remarquer que les analyses commerciales laissent bien à désirer. Il y aurait, notamment, beaucoup à dire sur l'emploi du coefficient 5, par lequel on convient, généralement, de multiplier le poids des cendres laissées par l'incinération du sucre indigène, pour obtenir le chiffre dont on diminue le titre fourni par l'analyse, afin d'avoir le titre commercial. Il est évident que toutes les matières étrangères n'exercent pas la même influence sur le rendement réel. Les sucres exotiques ne se comportent pas non plus au raffinage comme les sucres indigènes. Enfin il ne faut pas demander aux méthodes analytiques un degré de précision plus grand que celui qu'elles comportent; elles ne fournissent, d'ailleurs, des résultats dans lesquels on puisse avoir confiance qu'entre des mains exercées.

De toutes les explications qui nous ont été fournies, on peut conclure qu'on ne peut pas s'en rapporter exclusivement à l'emploi des types pour déterminer la richesse exacte d'un sucre donné ; qu'en moyenne les résultats effectifs sont bien moins différents des résultats tels que les fournit l'application de la convention de 1864, qu'on ne le répète généralement ; qu'il est, néanmoins, fâcheux qu'il suffise de colorer un sucre pour faire parfois un gain considérable, mais que cette pratique, si elle a eu lieu, a été le fait d'une fraude punissable plutôt qu'un résultat de fabrication régulière.

2° *Si les rendements réels s'écartent sensiblement des rendements légaux déterminés par la nuance des sucres, pourrait-on sauvegarder les intérêts du Trésor en relevant ces rendements et en augmentant, dans une proportion égale, les droits applicables aux sucres bruts déclarés pour la consommation.*

La question de l'écart entre les rendements légaux déterminés par la nuance des sucres et les rendements réels est une question de fait qui n'est pas tranchée, on l'a reconnu dans l'étude qui précède par l'examen de ce qui se passe dans l'industrie et le commerce des sucres. Mais il est constant que le seul emploi des nuances pour prononcer sur le rendement d'un sucre déterminé a donné lieu et peut donner lieu à des fraudes. Comment sauvegarder les intérêts du Trésor ? Les membres correspondants de la Société répondent en ces termes.

D'abord M. Fiévet admet que le relèvement des types serait au point de vue du Trésor une garantie ; il s'exprime ainsi :

« Les intérêts du Trésor seraient évidemment moins lésés si les rendements légaux étaient relevés. Du reste, les rendements et les droits pour l'exportation et la consommation devraient être les mêmes, puisqu'il a été décidé qu'il ne serait plus accordé de prime. »

M. le comte de Marne estime que le relèvement des types ne produirait aucun résultat.

« Les rendements réels, dit-il, sont trop indépendants de la nuance pour que cette dernière puisse utilement servir et à fixer les rendements moyens légaux et à établir une échelle des taxes. »

C'est aussi l'opinion de M. G. Hamoir, qui s'exprime en ces termes :

« La nuance du sucre étant devenue une base fausse pour l'appréciation d'un rendement, qu'on en relève ou qu'on en abaisse le taux, l'inanité du système persiste. »

M. Jacquemart, au nom de la Société des agriculteurs de France, ne répond pas à la question. Quant au Comité central des fabricants de sucre, il condamne absolument tout usage des types de la manière suivante :

« La nuance ne pouvant plus servir à la détermination exacte de la richesse, toute classification qui repose sur cette base est fausse, et le relèvement des rendements des classes n'aurait pour effet que d'intéresser davantage les fabricants à faire de la nuance artificielle.

« Qu'on élève ou qu'on abaisse les rendements légaux, on n'atteindra jamais d'une manière exacte toute la matière imposable, et les modifications dans les classes amèneront des modifications dans le travail.

« Autre considération, la richesse d'une classe varie suivant la localité et suivant les procédés de fabrication. Il s'ensuit qu'un droit établi sur des rendements moyens peut être suffisamment exact au point de vue du Trésor et être injuste vis-à-vis de certains fabricants. »

Quant à M. Clerc, au nom des raffineurs, il affirme que,

dans l'état actuel des choses, les rendements réels ne s'écartent pas sensiblement des rendements légaux basés sur l'emploi des types; mais il ajoute que si, par suite des progrès de l'industrie, ce fait se produisait, il faudrait incontestablement relever les droits en proportion des nouveaux rendements constatés.

De là il résulte évidemment que, dans le système du maintien de la classification des sucres d'après la nuance exclusivement pour l'établissement de l'impôt, il y aurait lieu de refaire, de temps à autre, l'échelle des rendements, ce qui impliquerait pour l'acquittement des droits une instabilité peu favorable à la bonne gestion des affaires publiques.

3° *Convient-il d'augmenter le nombre des classes de sucre brut, afin de réduire les écarts d'une classe à l'autre?*

Tandis que le commerce compte 13 classes, depuis le n° 7 jusqu'au n° 20 des types hollandais, la convention de 1864 n'en a reconnu que 5, savoir : au-dessous du n° 7, entre 7 et 10, entre 10 et 15, entre 5 et 19, au-dessus du n° 19. M. Fiévet estime qu'il en faudrait un plus grand nombre :

« La justice voudrait, dit-il, qu'il y eût autant de types que de numéros (7 à 19). Mais ce serait une mesure qui ne remplirait pas le but voulu, attendu que la nuance est loin de régler la richesse des sucres. »

L'opinion de M. de Marne est analogue ; il s'exprime ainsi :

« Si le législateur se décidait à conserver le régime des classes (en quoi, suivant moi, il aurait tort), il devrait certainement, afin de diminuer les vices de ce système, augmenter le nombre des classes. »

Au contraire, M. Gustave Hamoir pense qu'il y a déjà trop de classes.

« Les classes, dit-il, ne sont que trop nombreuses dans l'intérêt du commerce des sucres, et donnent lieu déjà à des incertitudes de classement qui rendent trop souvent perplexe le fabricant et entravent le commerce. »

M. Jacquemart aboutit à la même conclusion en exposant la confusion à laquelle conduit, selon lui, le système des types; il s'exprime en ces termes :

« Les rendements des types s'écartent considérablement du rendement légal : ainsi nous connaissons des sucres au-dessous de 7 rendant 77 et 82 pour 100, au lieu de 67; des sucres 7/9 rendant 89.5 pour 100, au lieu de 80 pour 100.

« Ajoutons que deux sucres de la même nuance, soit de la même fabrique, mais de deux années différentes, soit de deux fabriques différentes et de la même année, peuvent avoir des richesses très-dissemblables.

« Pour donner une idée des obscurités du système actuel, nous citerons le fait suivant : En ce moment, on offre 77 francs pour 100 kilogrammes de sucre 7/9 sur la base de 88 degrés, et 80 francs pour 100 kilogrammes de sucre au-dessous de 7, sur la base de 88 degrés. Ce fait est inexplicable commercialement, la même quantité de sucre dans un milieu moins pur ne saurait valoir 3 francs de plus que dans un milieu plus pur. Quelles circonstances rendent donc cette anomalie possible, si ce n'est le système des types ou nuances?

« Dirons-nous encore que nous avons vu les types hollandais de 1870, sur lesquels les types actuels ont été réglés, et que les types hollandais sont plus foncés de deux à trois nuances que les types correspondants français?

« Nous ne rechercherons donc pas de quelle manière on peut modifier les types, car ce système est et sera toujours très-vicieux ; il entraînera toujours avec lui des abus, et surtout la nécessité du drawback ou de mesures analogues ; or nous demandons la suppression du drawback, comme le seul moyen d'établir nos relations internationales sur une base solide. »

Le Comité central est d'avis que la multiplication des classes aurait les plus grands inconvénients pour la fabrication sans que le Trésor pût y trouver de sérieuses garanties ; voici le texte de l'opinion émise :

« L'augmentation du nombre des classes serait un palliatif insuffisant, une gêne dans la fabrication, une source de difficultés dans les transactions. Elle multiplierait l'abus le plus criant du régime des types, les déclassements après achat. Si les déclassements se pratiquent avec quatre classes comprenant chacune plusieurs numéros, ils seront bien plus fréquents avec dix ou douze classes séparées par des nuances peu sensibles, et d'autant plus qu'il n'y a jamais eu uniformité dans les types d'une année à l'autre, ni entre ceux d'une même année d'une usine à l'autre. »

Enfin, M. Camille Clerc, au nom des raffineurs, déclare que le nombre de cinq classes de sucres est déjà bien considérable, qu'il y aurait plus d'inconvénients que d'avantages à l'augmenter, et que moins il y aura de classes, mieux cela vaudra.

Ainsi, les opinions les plus diverses sont émises au sujet de cette question du nombre des classes, mais dans toutes on trouve cette idée commune que la classification fondée exclusivement sur la couleur des sucres peut donner lieu à de grandes erreurs.

4° *Si l'on était conduit à préférer au système actuel l'exercice des raffineries, quelles seraient les mesures à prendre, dans les grands centres de population où ces raffineries sont généralement placées, pour prévenir les enlèvements qu'on pourrait vouloir tenter par des issues clandestines ou autrement ?*

Les fabricants de sucre redoutaient beaucoup l'exercice, lorsqu'on a proposé de l'établir dans leurs usines ; aujourd'hui ils conviennent que leurs appréhensions n'étaient pas fondées, et ils disent même qu'ils trouvent, dans les livres rigoureusement tenus par les employés de la régie, des indications utiles pour la direction de leur travail. Il arrive maintenant que les raffineurs expriment les mêmes craintes que jadis on a entendues de la part des fabricants ; les mesures de surveillance dont ils craignent la gêne seront-elles de nature à entraver leurs opérations? Les membres correspondants de la Société centrale d'agriculture ne le pensent pas, et ils indiquent comme parfaitement et facilement réalisables les mesures adoptées, soit pour les fabriques de sucre brut, soit pour les fabriques-raffineries naguère exercées.

M. Fiévet s'exprime en ces termes :

« L'administration des contributions indirectes, qui, de **1852 à 1864**, a exercé les raffineries du Nord, est apte à pouvoir donner les renseignements nécessaires pour établir l'exercice dans ces établissements. Je me permettrai de demander :

« 1° Que les prescriptions concernant le grillage des jours et fenêtres dans les fabriques de sucre soient rigoureusement exécutées dans les raffineries ;

« 2° Que les étuves soient placées sous le même régime que les magasins des sucres achevés dans les fabriques ; que les portes soient fermées à deux serrures.

« Les employés garderont une des deux clefs, et les étuves ne pourront être ouvertes qu'en leur présence. »

Toutes ces mesures sont du ressort de l'administration des finances, qui est surtout compétente pour les juger ; il en est de même de celles indiquées en ces termes par M. le comte de Marne :

« Les mesures à prendre en cas de l'exercice des raffineries consisteraient dans :

« 1° L'isolement des habitations voisines pour toutes les raffineries à *construire* ;

« 2° Le grillage des fenêtres ;

« 3° La réduction des portes d'entrée à un nombre strictement nécessaire et déterminé par la régie ;

« 4° La garde continue de ces portes par un préposé de la régie. »

M. Gustave Hamoir a eu une fabrique-raffinerie soumise à l'exercice ; il est donc bien autorisé à émettre l'avis suivant :

« Notre fabrique-raffinerie a été exercée en travail de raffinage, et nous avons la preuve que l'administration des contributions indirectes a en main toutes les données nécessaires pour l'établissement d'un exercice des raffineries qui donne à l'État la plus parfaite sécurité sur la perception de l'impôt.

« La permanence, dont l'administration a aujourd'hui une longue pratique, suffirait à elle seule à déjouer tous projets de fraude, si même elle n'était armée d'une comptabilité auxiliaire, constatant avec un soin extrême les entrées, les sorties et les états du magasin. »

M. Jacquemart paraît avoir pris l'opinion de l'administration des finances, car dans son Rapport, fait au nom de la Commission de la Société des agriculteurs, il s'exprime en ces termes :

« L'administration des contributions indirectes, représentée par ses chefs à tous les degrés, se fait fort d'exercer sérieusement la raffinerie et de déjouer toutes les tentatives coupables, s'il s'en manifestait. Elle rappelle que, de 1853 à 1864, certaines raffineries ont été exercées (entre autres celle de Wandignies); que les fabriques-raffineries le sont encore; qu'enfin, depuis dix-neuf ans que la permanence existe dans quatre à cinq cents sucreries, il n'y a pas eu un seul exemple de fraude. »

Enfin le Comité central des fabricants de sucre donne, à ce sujet, les détails qui suivent :

« L'exercice des raffineries n'est pas une nouveauté. Il a été pratiqué de 1853 à 1864 ; il l'est encore pour les fabriques-raffineries. Il existe, sur cet objet, des instructions complètes. (Voir la circulaire du 15 décembre 1853, portant le n° 20.) L'exercice des raffineries profiterait des progrès que l'expérience a fait réaliser dans l'exercice des sucreries.

« Ainsi, dans les sucreries, on attache aujourd'hui moins d'importance au compte d'entrée, ou prise en charge ; on surveille et on suit les opérations intermédiaires, mais on s'attache surtout au compte de magasin.

« L'organisation du service de permanence a eu ce résultat, que pas un kilogramme de sucre n'échappe à l'impôt, et l'effet en a été si complet que, depuis lors, pas un procès-verbal n'a été dressé à la charge d'un fabricant.

« Pour qui sait sur quelle échelle se pratiquait la fraude antérieurement, ce résultat a, non-seulement au point de vue du Trésor, mais surtout au point de vue moral, une portée très-considérable.

« La permanence donne aux employés une telle expérience du travail, que, s'il y avait fraude, ils pourraient toujours la découvrir et même en indiquer le point de départ.

« Il est donc possible d'organiser l'exercice dans les raffineries. Il suffit que les entrées et sorties des magasins soient l'objet d'une comptabilité exacte et d'une surveillance permanente, appuyées et contrôlées par le compte préparatoire de prise en charge et la surveillance des opérations intermédiaires. »

Cependant M. Clerc, au nom des raffineurs, a objecté, devant votre Commission, que, si pour les fabricants l'exercice offrait des avantages en raison de la permanence des agents qui les dispensaient de faire eux-mêmes leurs prises en charge, il ne saurait en être de même pour les raffineries.

« Dans les fabriques de sucre, a dit M. Clerc, les produits qui pouvaient donner lieu à de la fraude ne commencent à se présenter qu'à la cuite; au contraire, dans les raffineries, tout peut être détourné pour devenir un objet de trafic frauduleux; donc, dans ces dernières, la surveillance devra être bien plus active et, par suite, gênante. »

On conçoit, dès lors, que les raffineurs ne l'admettent pas facilement. En outre, leurs usines ne sont pas isolées des autres habitations, et il ne sera pas facile d'empêcher toute fraude. Or les industriels honnêtes et loyaux, qui sont les premières victimes des fraudes, doivent être désireux, de même que l'administration, une fois l'exercice ordonné, d'adopter les mesures les plus efficaces. Le pourra-t-elle? C'est un doute qu'il est permis d'éprouver. Cela dit, M. Clerc a déclaré que la raffinerie prendrait très-bien son parti, en fin de compte, de l'exercice; mais il a fait remarquer qu'il aura pour premier résultat de retarder le moment où le Trésor public touchera l'impôt. De là, pour l'État un déficit certain évalué à 25 millions pour la première année.

5° *Tout exercice comportant des recensements périodiques, comment devrait-il être procédé à ces recensements dans les usines qui travaillent sans interruption de jour et de nuit pendant toute l'année?*

Les fabriques de sucre présentent, après chaque campagne, un long intervalle de repos, pendant lequel il est facile de procéder aux inventaires les plus complets, en même temps qu'au nettoyage radical des ateliers et appareils. Il n'en est pas de même dans les raffineries. De là, la question qu'il s'agit d'examiner. M. Fiévet y répond :

« Il serait procédé comme dans les fabriques-raffineries. »

M. de Marne renvoie aussi, en ces termes, à l'expérience faite dans les fabriques-raffineries :

« Il serait procédé à l'exercice et aux inventaires dans les raffineries exercées comme il a été fait, dans la période de 1852 à 1863 et au delà, dans les raffineries libres qui étaient cependant exercées parce qu'il existait, dans leur voisinage, des fabriques de sucre. J'en peux citer deux dans ce cas : celle de MM. Gracy frère, à Corbehem, dans le Pas-de-Calais, et celle de M. Bayard de la Vingtrie, à Wandignies et Marnaze, dans le Nord. »

M. Gustave Hamoir va au-devant de l'objection des raffineurs qui disent qu'un inventaire complet amènerait la suspension du travail ; il s'exprime ainsi :

« L'expérience a démontré qu'il n'était nul besoin d'arrêter un travail de raffinage pour procéder à un inventaire ; toutes les matières en cours de travail ont un rendement connu et sont contenues dans des vases jaugés. Il s'agit donc d'un simple relevé de capacités et d'une appréciation de qualités, qui, dans le travail du raffinage, ne donne que très-peu d'écart. »

M. Jacquemart paraît donner sur cette question, comme sur la précédente, l'opinion même de l'Administration des contributions indirectes.

« L'Administration est aussi d'avis, dit-il, que l'inventaire des raffineries peut se faire, comme dans la sucrerie, sans entraver ni suspendre le travail. Il n'est pas nécessaire que l'inventaire des matières en travail soit fait avec une rigueur mathématique. Le stock de ces matières est à peu près constant, et, en admettant une erreur dans les évaluations, cette erreur n'aurait pas d'influence sensible sur les résultats obtenus entre deux inventaires. D'ailleurs, les inventaires ne sauraient être suivis de réclamations fiscales sous le régime de l'exercice. Ils n'ont pas d'autre but que d'éclairer l'Administration, en lui donnant un moyen de contrôle complétant la comparaison des entrées et des sorties.

« Mais ce qui se passe habituellement dans les raffineries ne pourra laisser aucun doute sur ce point : on fait, quatre fois par an, des inventaires en raffinerie; on les commence, en général, le soir, à la sortie des ouvriers, et, quelques heures après, les relevés sont terminés. Si l'administration éprouvait quelques embarras à faire ces opérations, l'expérience du raffineur lui viendrait certainement en aide. »

Quant au Comité central des fabricants de sucre, il objecte, avec raison, aux raffineurs qu'ils font des inventaires pour leurs propres besoins :

« L'organisation actuelle de l'exercice permet d'établir, à tout moment, la situation dans les sucreries. Le compte de magasin ou des sucres achevés est toujours à net; le compte des sirops en cristallisation se fait très-approximativement par l'appréciation journalière du rendement moyen.

« Les mêmes moyens de contrôle existeront pour la raffinerie, et il n'y aura pas besoin d'arrêter le travail pour établir périodiquement leur situation. Éventuellement on pourrait profiter des chômages accidentels pour faire des recensements plus complets. Mais, quant aux craintes exprimées sur le préjudice qu'imposerait à ces établissements, la nécessité d'arrêter leurs travaux pour faire le recensement annuel, peuvent-elles être considérées comme sérieuses quand on sait que les raffineurs (et notamment les raffineries par actions, qui doivent rendre des comptes) trouvent bien le moyen de faire leurs inventaires sans nuire à leur travail ? »

M. Clerc objecte que des recensements périodiques qui seraient faits en allant jusqu'à un nettoyage complet ne pourraient être exacts qu'à quelques dizaines de milliers de kilog., et qu'il serait impossible de s'en rapporter absolument aux indications ainsi obtenues pour fournir une base à l'impôt. Cette observation est juste ; des inventaires ne doivent être regardés que comme des renseignements utiles ; au fond ils sont faits avec assez d'exactitude, puisque M. Clerc a pu fournir pour trois années, comme on l'a dit plus haut, à une très-faible fraction près, le calcul de sa production.

6° *Entendrait-on appliquer un droit unique à la sortie de l'usine des sucres fabriqués? ou bien, ce qui est peu probable, voudrait-on taxer différemment les candis, les mélis, les lumps, les sucres blancs en grains ou en poudre et les vergeoises selon le degré de richesse saccharine de chacun de ces produits?*

Tout le monde est à peu près d'accord pour demander des changements au système d'impôt actuel, surtout en vue de la simplification ; mais il y a des divergences sur le système à adopter.

M. Fiévet dit simplement : « Je demande qu'il soit établi plusieurs taxes. » M. de Marne estime qu'il en faut trois. M. Gustave Hamoir s'exprime ainsi à ce sujet :

« Il est de la dernière importance qu'il se produise le plus petit nombre de divisions possibles sur l'assiette de l'impôt. Les abus dont la fabrication souffre journellement sous le régime des types commandent de simplifier, autant que faire se peut, la nouvelle tarification. »

M. Jacquemart dit nettement qu'il ne faut que deux taxes, et il pencherait même pour un impôt unique à la consommation ; voici ses explications :

« Les 97/100 du sucre consommé, en France, sont consommés à l'état de pain. Il ne semblerait donc pas qu'il y eût des inconvénients sérieux à adopter un impôt unique.

« Cependant, au point de vue de certains producteurs, en prévision d'un avenir peut-être prochain, et pour favoriser certaines consommations et certaines industries, il paraîtrait utile de créer une classe spéciale de tous les sucres autres que les candis et les pains, et frappée d'un impôt inférieur de 4 à 5 francs à celui des sucres raffinés.

« Faire des classes de sucres bruns serait renouveler en partie les inconvénients que les types ont pour le Trésor. »

Le Comité central des fabricants de sucre arrive aux mêmes conclusions :

« Le droit unique, dit-il, serait une grande simplification, et le Comité des fabricants de sucre a hésité longtemps avant de le rejeter.

« Cependant il a trouvé que, dans l'intérêt des consommateurs et de la fabrication, et pour faciliter l'admission des sucres bruts à la consommation, il pouvait être utile de proposer l'établissement de deux classes. »

M. Clerc, au nom des raffineurs, estime qu'il n'y a que deux sortes de sucres pour la consommation : les sucres purs et les sucres impurs ; cependant il pense qu'il faudrait établir un certain échelonnement entre ces derniers. L'opinion de réduire le nombre des classes autant que possible paraissant la plus logique, il est évident que ce qui conviendra le mieux, ce sera d'en faire deux seulement : sucre pur et sucre impur.

7° *Dans cette dernière hypothèse, à quelle base de classification et à quel mode de vérification faudrait-il recourir?*

Cette question est la conséquence de la précédente ; sa solution est donnée par la réponse faite antérieurement, sauf à la compléter par la spécification des moyens de classification et de vérification.

M. Fiévet, qui est pour plusieurs classes, conserve les types hollandais ou du commerce ; il propose le système suivant :

« J'établirais, dit-il, quatre catégories de droits :

1° Candis.
2° { Mélis.
Sucres en pains et en poudre assimilés aux raffinés.
3° Vergeoises au-dessus du n° 13 actuel de la régie.
4° Sucres cristallisés en poudre venant des fabriques.
5° Tous les sucres de fabriques au-dessous du n° 15. »

M. Fiévet ne s'explique pas sur les différences qu'il établirait entre les droits que devraient acquitter les sucres de chacune des classes. Comment distinguerait-on, d'ailleurs, les diverses classes? Évidemment par l'emploi de plusieurs types. Dès lors, sauf en ce point que l'impôt ne se payerait qu'à la consommation et que les raffineries seraient soumises, comme les fabriques de sucre, à l'exercice, ce système a tous les inconvénients reprochés au système actuel.

M. de Marne s'explique sur les taxes des trois classes qu'il propose, mais il reste muet sur le mode de vérification de sa classification, qui est la suivante :

« Une supérieure de 72 francs sur les candis;

« Une moyenne payant 70 francs sur les pains et les poudres blanches assimilés, vergeoises et sucres bruts de toute nuance allant directement à la consommation;

« Une inférieure payant 65 francs sur les sucres de nuances au-dessous des poudres blanches. »

Comment jugerait-on la nuance qui déterminerait la taxe de 70 francs ou celle de 65 francs? Dans la nouvelle législation, il faudrait une netteté absolue.

M Gustave Hamoir n'admet que deux classes et deux taxes. On trouvera, sans doute, qu'il n'est pas juste de ne tenir compte que de la forme sous laquelle le sucre se présente et non pas de sa pureté; il s'exprime ainsi :

« Il ne pourrait se produire au plus que deux classes de marchandises définies : l'une qui comprendrait tout sucre achevé sous les formes spéciales et anciennement acceptées de pains et candis; l'autre qui s'appliquerait à tous les sucres en poudre à quelques degrés de perfection ou d'imperfection de travail qu'ils appartiennent. »

M. Jacquemart a donné sa solution en répondant à la question précédente : elle a ce côté faible que toute poudre, quelle que soit sa pureté, payera moins que le candi ou le pain; cela ne peut pas être admis, car la forme seule d'un produit industriel ne peut pas plus servir de base qu'une nuance à une classification irréprochable.

Quant au Comité central des fabricants de sucre, il tombe dans le même errement, ce qui se justifie à la rigueur par cette réflexion qu'il demande sans doute plus pour avoir moins; il ajoute, d'ailleurs, une remarque exacte; il s'exprime ainsi :

« 1re classe. — Sucres candis et en pains; droit uniforme, 70 francs.

« 2e classe. — Tous autres sucres, sans distinction, 65 francs.

« Le Comité central a pensé que le produit de ces droits, malgré la réduction indiquée sur le droit afférent aux raffinés, serait supérieur au produit moyen de l'ensemble des classes indiquées au projet de loi soumis en ce moment à l'Assemblée. »

M. Clerc a fait observer que, quel que soit le système adopté, il faudra des types. Cela est évidemment vrai. Mais il faut remarquer qu'avec un seul type, fondé sur une nuance élevée, telle que le n° 19 de Hollande, pour lequel la fraude ne peut plus exercer qu'une action insensible, pour lequel, en outre, la vérification de la richesse effective, soit par le saccharimètre, soit par l'analyse chimique, ne peut donner lieu qu'à une faible erreur, il ne sera pas possible d'hésiter, et, en outre, l'impôt frappera sans permettre aucun profit illégal. Toutes les fraudes directes ou indirectes cessent d'être possibles s'il n'y a pas, d'ailleurs, plus de 5 francs de différence entre les droits payés par les deux classes de sucres entrant dans la consommation intérieure, n'ayant rien payé, s'ils sont destinés à l'exportation, et ne recevant aucun drawback.

8° *Quel serait le régime des mélasses?*

L'adoption de l'impôt du sucre à la consommation et l'exercice des raffineries comme des fabriques ne doivent rien changer au régime actuel des mélasses. « Elles seraient, dit M. Fiévet, placées toutes sous le régime de celles produites par les fabriques-raffineries, lorsqu'elles sortiraient pour la consommation; elles seraient indemnes de droits, lorsqu'elles seraient expédiées à la distillerie; elles seraient passibles d'un droit de 10 francs par 100 kilogrammes, lorsqu'elles seraient livrées à la consommation. » M. Gustave Hamoir donne la même opinion. M. le comte de Marne dit : « Sur les mélasses épurées, c'est-à-dire contenant au plus 50 pour 100 de sucre cristallisable, la taxe devrait être de 15 francs. »

Le Comité des fabricants de sucre estime que « les mélasses seraient traitées sur le même pied que par le passé. » M. Clerc nous a dit : « Il faudrait que les mélasses livrées à la consommation fussent exemptes ; c'est un produit employé par le pauvre ; quant à celles des distilleries, elles sont exercées dans les usines. »

Cette question ne paraît pas devoir donner lieu à des difficultés, malgré quelques divergences dans les solutions proposées, attendu qu'il ne peut s'agir que de droits très-faibles.

9° *Comme on ne peut vouloir interdire aux chocolatiers, aux confiseurs, aux préparateurs de fruits ou même aux simples consommateurs de se servir de sucres non raffinés, quel système de tarifs appliquerait-on aux sucres bruts ainsi soustraits au travail de la raffinerie?*

Nos correspondants ont déjà répondu à cette question en proposant unanimement de faire payer un droit réduit à tout emploi direct des sucres non raffinés dans la consommation, quelle que soit la nature de celle-ci.

M. Constant Fiévet renvoie à sa classification. M. Jacquemart garde le silence à ce sujet. M. le comte de Marne estime que les poudres blanches payant un droit de 70 francs, toutes autres sortes doivent acquitter un droit de 65 francs. M. Gustave Hamoir observe que « les chocolatiers et les confiseurs ne jouissant pas du drawback, il n'y a aucune raison de leur appliquer une législation particulière. » Le Comité central des fabricants de sucre exprime la même idée en d'autres termes : « Les sucres employés pour la chocolaterie, la confiserie, etc., payeraient le droit de consommation de leur classe. Les chocolats, etc., ne jouissant pas du drawback, rien ne serait changé à leur situation. »

Par un décret récent, les chocolatiers ont obtenu de travailler pour l'exportation sous le régime de l'exemption temporaire de droits. Cette décision mettra trêve à toute difficulté, en ce qui concerne le chocolat. Le sucre qui en fait partie ne paye de droits que s'il est consommé en France. Pourquoi les confiseurs exportateurs ne seraient-ils pas placés sous le même régime, à la condition d'être soumis à l'exercice? C'est une question à examiner.

M. Clerc estime, avec raison, que les chocolatiers et confiseurs doivent être placés sous le même régime que les raffineurs dès qu'ils travaillent pour l'exportation.

10° ***L'exercice, en France, impliquant l'adoption d'un système analogue en Angleterre, en Belgique et en Hollande, quelles seraient les précautions à prendre pour garantir aux fabricants de chacun des quatre pays que les conditions d'une loyale concurrence ne seraient pas troublées par les fraudes ou les tolérances d'un des autres pays?***

Cette question ne paraît guère susceptible que de cette seule solution : les fabriques et raffineries des quatre puissances contractantes doivent être soumises à un régime commun.

« Le Gouvernement, dit M. Fiévet, devra prendre des mesures pour empêcher la fraude et mettre à couvert les intérêts du Trésor. » Mais quelles seront ces mesures? On trouve une indication à ce sujet dans la réponse de M. le comte de Marne, qui s'exprime ainsi :

« Les tolérances accordées aux raffineurs dans l'un quelconque des quatre pays contractants où les fraudes ne seraient pas réprimées seraient exclusivement nuisibles aux intérêts du trésor de ce pays. Elles n'auraient d'effet utile au fraudeur qu'à l'intérieur de son pays. Qu'importe au trésor français qu'un raffineur belge, par exemple, ait fraudé la régie belge, lorsqu'il présentera à la douane française ses produits? En seront-ils moins taxés pour cela? Pourra-t-il faire entrer du candi pour du raffiné, du raffiné pour des vergeoises? Non, sans doute. Il importe donc peu, il n'importe même point au fisc français que le raffineur belge fraude le fisc belge. C'est affaire à l'État belge à y veiller. Que, s'il y prêtait les mains, ce serait pour faciliter à ses régnicoles l'exportation de leurs produits, au moyen d'une prime déguisée frauduleuse.

« Dans ce cas peu probable, c'est le raffineur français, non le trésor français, qui souffrirait et aurait le droit de se plaindre.

« Les consuls et agents diplomatiques des pays contractants pourraient recevoir, pour empêcher les abus de ce genre de se produire, un droit de contrôle ou de remontrance dans les pays où ils seraient accrédités; au besoin même, ils pourraient, à cette fin, se constituer en syndicat. »

Le maintien de la conférence internationale paraît à M. Gustave Hamoir une garantie suffisante contre les fraudes.

« Rien, dit-il, dans la sage application d'un régime commun par les quatre puissances contractantes, ne laisse suspecter une fraude de l'une d'elles envers les autres. La concurrence imposera le respect de la convention. »

Il faudra admettre que toutes les puissances feront l'exercice des raffineries avec la plus complète loyauté; c'est ce que fait remarquer M. Jacquemart, qui s'exprime ainsi :

« L'exercice des raffineries et la suppression du drawback nous paraissent devoir établir, aussi complétement que possible, l'égalité entre les exportateurs des diverses nations, et c'est parce que ce système rend l'exportation indépendante de toutes les combinaisons intérieures que nous nous y attachons si fortement.

« En effet, quand l'impôt est perçu sur le sucre entrant dans la consommation, le prix de revient du produit est indépendant des combinaisons fiscales; il résulte, uniquement et pour chaque pays, de la richesse des matières employées, de leur prix d'achat et de l'habileté du producteur.

« La fraude à l'intérieur pourrait seule donner des avantages à certains producteurs, en ce sens qu'ayant un bénéfice illicite ils pourraient l'employer à développer leur exportation en abaissant les prix des produits exportés; mais il est difficile d'admettre une telle combinaison.

« D'ailleurs, pour que des fraudes isolées aient quelque influence sur le marché extérieur, il faudrait qu'elles se fissent sur une grande échelle, comme les abus résultant légalement du régime actuel, mais alors il serait impossible que les plus aveugles ne vissent pas les fraudes.

« Mais, nous le répétons, avec l'Administration, l'exercice en permanence rend toute fraude impossible. »

Le Comité central des fabricants de sucre s'en rapporte à la conférence internationale pour trouver un régime d'exercice qui puisse être accepté dans les quatre pays contractants; il s'exprime ainsi :

« Si le régime de l'exercice permanent est appliqué dans les trois autres pays comme il l'est en France, toutes garanties nécessaires existeront pour assurer des conditions de loyale concurrence. Il incombera à la Conférence internationale de rechercher un régime commun qui puisse être accepté par les quatre pays. »

Quant à M. Clerc, il pense qu'il faut uniquement cher-

cher à réaliser une identité absolue entre les règlements des quatre puissances.

11° ***En dehors de toute question fiscale, quels sont les avantages ou les inconvénients que pourraient trouver, dans l'exercice, les fabricants de sucre indigène, les importateurs de sucres coloniaux ou étrangers, et les raffineurs?***

Sur cette question, il y a contradiction absolue entre les fabricants et les raffineurs.

M. Fiévet pense que le régime de l'impôt à la consommation augmenterait l'importance du marché des sucres de France.

« L'impôt à la consommation, dit-il, amènerait indubitablement des acheteurs de différents pays, ce qui permettrait aux fabricants de sucre de vendre leurs produits à un prix plus rémunérateur.

« Quant aux avantages qui en résulteraient pour les fabricants raffineurs, c'est qu'ils ne seraient plus placés dans une position désavantageuse qui les assujettit à payer plus de droits que les raffineurs.

« Les raffineurs ne pourraient pas se plaindre de la mesure nouvelle ; ils ne payeraient les droits que sur les sucres raffinés qu'ils produiraient réellement. »

M. de Marne croit que le principal avantage du nouveau système serait, pour les fabricants, de n'avoir plus à s'occuper de la quotité du droit, mais seulement de produire du bon et beau sucre ; il s'exprime ainsi :

« Les fabricants de sucre indigène, par le fait que la valeur commerciale de leurs produits ne serait plus accrue ou diminuée artificiellement, comme elle l'est aujourd'hui, par la quotité de la taxe, ne se préoccuperaient plus que de produire, dans les meilleures conditions économiques, le plus beau, le plus riche sucre possible.

« Aujourd'hui, par le fait d'un rendement légal arbitraire et d'une taxe qui n'y est pas corrélative, le fabricant *s'étudie* à faire de vilains sucres; il y trouve son compte, mais le Trésor et le progrès de l'industrie y perdent le leur. »

M. Gustave Hamoir insiste sur la nécessité de la disparition de l'injustice criante qui aujourd'hui ne permet pas aux sucreries-raffineries de travailler pour la consommation intérieure; il donne les détails suivants :

« L'impôt à la consommation aurait d'abord l'avantage suprême de faire rentrer dans le droit commun les sucres en pains produits par la fabrique-raffinerie, exclus jusqu'ici du marché d'exportation, et d'annuler cette oppression criante de la loi actuelle.

« Il laisserait au fabricant indigène la libre disposition de son travail, de ses moyens, au lieu de l'encadrer dans des conditions arbitraires et surannées.

« Libre de ses actions, le fabricant pourrait marcher sûrement dans la voie de la perfection des produits qui lui est interdite aujourd'hui ; il pourrait surexciter la consommation par un bas prix relatif, et développer la production dans une mesure qui serait un bien immense pour les intérêts agricoles.

« L'agriculture française est menacée dans son existence par la concurrence des produits étrangers : céréales, graines oléagineuses, etc. Il se présente une occasion de développer la culture industrielle la plus essentiellement lucrative, que des droits considérables et une fatale assiette de l'impôt arrêtent dans son essor : il serait anti-national de ne pas la saisir. »

M. Jacquemart montre, de son côté, qu'il ne faut pas que la fabrication du sucre indigène n'ait qu'un seul acheteur, la raffinerie française ; il a peur de la loi que celle-ci, selon lui, a faite à la fabrication; il s'exprime ainsi :

« La sucrerie a un intérêt capital à voir supprimer tout

ce qui entrave l'exportation, car l'exportation lui est nécessaire, lui est indispensable.

« Nous avons vu, en effet, que, depuis trois ans, après avoir fourni, chaque année, à la consommation intérieure, environ 244 millions de kilogrammes de raffiné, après avoir exporté 95 millions de kilogrammes de raffiné, nous avions pu exporter, en outre, 72,300,000 kilogrammes de brut.

« En 1871-1872, la situation sera encore plus grave, car la production dépassera celle des années précédentes de 30 millions de kilogrammes environ. Par conséquent, cette année, il faudra, en plus du raffiné, exporter 100 millions de kilogrammes de brut. Cette quantité croîtra tous les ans avec le nombre des fabriques.

« En présence de ces faits, en tenant compte de l'importance de l'industrie qui nous occupe et de la nécessité, pour la France, d'appeler l'argent de l'étranger, n'est-il pas très-sage de favoriser l'exportation des sucres, au lieu de la restreindre en donnant, avec les fonds de l'État, des armes à la raffinerie pour fermer à nos sucres bruts les marchés étrangers?

« Mais, dira-t-on, que vous importe que l'exportation se fasse sous la forme de raffiné ou sous la forme de sucre brut? Pour passer du brut au raffiné, il y a un travail dont le pays profite.

« Nous ne saurions partager cette manière de voir. Les faits ne prouvent-ils pas déjà que la raffinerie est impuissante à créer les débouchés *nécessaires*, puisque, malgré son exportation primée de 95 millions de kilogrammes en raffiné, il reste un excédant toujours croissant de brut à exporter chaque année.

« Si la raffinerie française est une industrie aussi vivace, aussi habile que nous le pensons, comment ne lutterait-elle pas, comme elle l'a déjà fait, avec les industries rivales? Les perfectionnements récents apportés dans ses procédés lui permettront d'accroître encore ses débouchés, sans fermer les marchés étrangers à nos sucres bruts.

« Mais, si elle ne peut se développer qu'au moyen de subventions fournies par le Trésor et au préjudice de l'industrie mère, nous doutons que personne, parmi nos juges, veuille la protéger à ce prix.

« Il faut encore moins que le développement de la sucrerie indigène soit provoqué par des circonstances factices qui, le jour où elles disparaîtraient, laisseraient la ruine derrière elles.

« D'ailleurs, la sucrerie indigène française ne peut admettre la pensée de n'avoir qu'un seul marché et qu'un seul acheteur. »

Le Comité central des fabricants de sucre part de la réalité de ce grief, réalité établie suivant lui, que le but de la convention de 1864 n'est pas atteint aujourd'hui, par suite des avantages que les drawbacks procurent aux produits de certaines raffineries. La disparition de cette inégalité est une conquête importante : « Au point de vue, dit-il, du commerce extérieur, l'impôt à la consommation, en supprimant tout drawback, fait disparaître les causes d'inégalité qui donnent des avantages à la raffinerie de certains pays. Sous ce rapport donc, il réalise complétement le but que la convention de 1864 avait en vue, et que le régime actuel ne lui a pas permis d'atteindre.

« Au point de vue intérieur, les sucres bruts ne seront, à l'avenir, achetés que pour la proportion de sucre absolu qu'ils contiennent, et non plus pour la prime à laquelle leur classe peut donner droit. Ce système laisserait aux fabricants comme aux raffineurs toute liberté pour leur travail dans l'usine et pour leurs opérations commerciales. »

Les raffineurs français contestent que le système actuel ait les inconvénients qu'on lui prête. « Le raffinage des sucres trop riches, nous a dit M. Clerc, ne profite pas aux raffineurs, puisque la raffinerie, d'après les usages commerciaux, rend aux fabricants à l'acquitté l'excédant de richesse constaté. On serait parti d'idées préconçues et de cas exceptionnels pour faire la campagne actuelle contre le régime de l'impôt sur les sucres. Le changement de régime sera onéreux aux raffineurs à raison de la surveillance à laquelle il les soumettra ; il n'empêchera pas les fraudeurs étrangers de se livrer à leurs pratiques ; il ne sera d'aucun avantage aux fabricants qui resteront dans les mêmes conditions qu'aujourd'hui ; les exportateurs ni les importateurs ne verront rien de changé dans leur situation. Pourquoi donc introduire de si graves modifications dans la législation ? Le régime dont on se plaint a fait la prospérité d'une industrie agricole française, non-seulement de la raffinerie, mais aussi de la fabrication, comme le prouve son grand et continu développement. »

Ces observations ne nous paraissent pas sans fondement, mais il n'en est pas moins vrai qu'une simplification dans les tarifs et l'égalité pour tous ceux qui travaillent le sucre peuvent être chose désirable et encore plus favorable à l'industrie que le régime qui a été adopté, surtout en présence du grand accroissement de l'impôt. Si les droits étaient faibles, le débat actuel, certes, ne se serait pas produit.

12° *La Convention de 1864 a-t-elle procuré à la production et au commerce de la France des avantages de nature à nous faire désirer le maintien de cette Convention ?*

M. Fiével dit que « les fabricants n'ont pas à répondre à cette question, puisqu'ils déclarent que la Convention n'a pas rempli le but qu'on s'était proposé. »

M. le comte de Marne nous paraît davantage dans la

vérité, lorsqu'il reconnaît que la Convention de 1864 a été favorable à la France et qu'il constate la subordination du marché anglais au marché français pour les sucres. Il s'exprime en ces termes :

« La Convention de 1864 a été très-favorable à l'exportation des raffinés français ; elle l'a été par suite indirectement au fabricant de sucre indigène, producteur de sucre 13 à 14, 7 à 9 et au-dessous de 7 ; les avantages qu'elle assure à ces diverses catégories de producteurs se sont accrus proportionnellement aux relèvements qui se sont faits de l'impôt. Ils sont tels, qu'ils rendent aujourd'hui la raffinerie française presque maîtresse du marché anglais. »

Nous avons assisté devant la Commission du Conseil supérieur à la déposition des raffineurs anglais, et nous les avons entendus précisément se plaindre de l'infériorité de la situation du marché anglais par rapport au marché français. On comprendra que cet argument nous ait peu touché ; il ne serait certainement pas suffisant pour légitimer la réforme de la législation. D'ailleurs, si la France a le marché des sucres comme l'Angleterre a celui des cotons, cela tient à des causes supérieures à l'établissement des impôts. Ce serait faire une chose bien nuisible à l'agriculture française que de la subordonner, pour ses sucres, à un pays voisin.

M. Gustave Hamoir nous paraît davantage dans la saine appréciation des choses quand il s'exprime de la manière suivante :

« La Convention de 1864, bonne en principe, a donné lieu à des irrégularités fâcheuses que le nouveau projet d'impôt ferait disparaître. »

M. Jacquemart explique comment les circonstances ont peu à peu fait dévier la Convention de 1864 du but qu'elle voulait atteindre, savoir : une parfaite libération des sucres des quatre pays contractants par rapport aux droits exigés dans chacun de ces pays, mais sans aucune prime provenant de la législation fiscale. Voici comment il s'exprime :

« La Convention internationale de 1864 a eu pour but d'établir, autant que faire se pouvait, l'égalité entre les relations internationales des sucreries des quatre nations.

« Cette Convention, comme toutes celles qui ne reposent que sur des éléments variables, a d'abord assez bien rempli son but, dit-on ; mais bientôt les circonstances ayant changé, et considérablement changé, cette convention a fini par consacrer les plus grandes inégalités qui aient jamais existé.

« C'est pourquoi nous demandons la révision de la Convention, étant, sur ce point et sur ce qui devrait la remplacer, d'accord avec les Anglais, les Belges et les Hollandais.

« En 1864, les impôts établis chez les quatre nations différaient peu les uns des autres ; si les évaluations des types n'étaient pas rigoureuses, toutes les parties jouissaient à peu près des mêmes avantages, dépendant essentiellement de l'élévation de l'impôt.

« Mais l'impôt, en Angleterre, ayant baissé de moitié, et l'impôt, en France, ayant augmenté de moitié, les imperfections de la loi ont été multipliées au moins par 4 au profit des exportations de la raffinerie française.

« Cette circonstance et d'autres, dues aux admissions temporaires, ont rendu la situation intolérable et inacceptable par les trois autres nations et par les fabricants de sucre de betterave français, menacés dans leurs débouchés.

« Un congrès sucrier a réuni, à Bruxelles, les 17 et 18 avril dernier, les délégués des industries sucrières des quatre nations. Ils ont demandé la révision de la Convention devenue impuissante, et, pour ainsi dire, consacrant le mal actuel : la suppression des types, l'application de l'exercice aux raffineries et la suppression du drawback.

« Ces moyens sont, à leurs yeux et aux nôtres, les seuls efficaces pour établir une égalité parfaite dans les relations internationales et pour supprimer tous les abus dans le commerce extérieur, et cela quel que soit le régime intérieur de chaque pays.

« Le gouvernement anglais vient de demander aux trois autres gouvernements de réunir la Conférence à nouveau.

« Nous demandons au gouvernement français de vouloir bien appuyer cette demande et de faire prévaloir, dans la Conférence, les vœux émis par le congrès sucrier de Bruxelles, en obtenant d'elle l'établissement de l'exercice dans les raffineries et la suppression du drawback. »

Le Comité central des fabricants de sucre arrive à la même conclusion dans les observations qui suivent :

« Il faut distinguer entre le principe de la Convention internationale, qui est la liberté du commerce des sucres entre quatre nations voisines (principe fécond qui a donné de bons résultats), et les moyens d'application, qui sont très-défectueux. Ces moyens ont laissé subsister des inégalités de conditions entre concurrents qui croyaient combattre à armes égales. De là les plaintes qui ont surgi de tous les côtés contre la Convention.

Loin de vouloir rompre la Convention de **1864**, nous a dit M. Clerc, au nom des raffineurs français, il faut en maintenir le principe, qui est l'identité du régime des quatre nations contractantes pour tous les sucres exportés. Cette Convention a favorisé, en fin de compte, le développement de l'industrie de la fabrication du sucre dans chaque pays, selon ses dispositions naturelles à produire ou à travailler les divers sucres. La Société centrale d'agriculture ne pourrait pas encourager un système quelconque dont le résultat serait de porter atteinte au développement de la culture de la Betterave.

13° Quels sont les frais d'expédition de Belgique, de France, des Pays-Bas en Angleterre ou de ce dernier État dans l'un des trois autres, à l'égard des sucres bruts et des sucres raffinés.

C'est là une question de fait commercial qui échappait à la compétence des correspondants de la Société centrale; aussi ne l'ont-ils pas abordée. Nous placerons ici ce que dit le Comité des fabricants de sucre :

« Les renseignements que le Comité central a pu se procurer sur les frais de transport et accessoires de 100 kilogrammes de sucre raffiné de Paris à Londres établissent que ces frais sont, en ce moment, d'environ 4 fr. 50 cent. »

Nous ajouterons seulement que les frais d'expédition sont les mêmes pour les sucres raffinés que pour les sucres bruts.

B. — Poudres blanches non assimilées aux sucres raffinés.

1° Y a-t-il un intérêt sérieux à permettre l'exportation des poudres blanches à la décharge des obligations d'admission temporaire?

2° En cas d'affirmative, quel serait le rendement à fixer?

Sur ces deux questions, M. Fiévet et M. Jacquemart n'ont fait aucune réponse. Le Comité central des fabricants de sucre dit qu'il ne répond pas parce que l'on confond dans la demande deux choses : l'admission temporaire et l'exportation avec drawback. M. Gustave Hamoir demande que les poudres blanches restent dans le droit commun. Enfin M. de Marne fait seul, en ces termes, une réponse catégorique :

« 1° Les poudres blanches peuvent être exportées aujourd'hui franches de droit.

« La question, dans le Questionnaire, me semble mal posée. On aura voulu écrire :

« Y a-t-il..... à accorder aux poudres blanches entrant dans le travail des raffineries le régime de l'admission temporaire ?

« L'intérêt, sans être très-grand, existe particulièrement pour le producteur de poudres blanches. Aussi est-ce lui qui réclame ce régime. Il y aurait équité, et il n'y aurait aucun inconvénient, je pense, à le lui accorder ;

« 2° Rendement à fixer 97. »

M. Clerc, devant votre Commission spéciale, s'est prononcé nettement pour la liberté commerciale, l'absence de toute prohibition et l'équité du remboursement, pour chaque sucre exporté, des droits payés. Dès études seraient à faire pour arriver à régler le détail de la question.

C. — Surtaxes de navigation.

1° *Convient-il d'affranchir les sucres étrangers de la surtaxe de pavillon dont sont exempts les sucres des colonies françaises, en vertu de la loi du 30 janvier dernier ?*

« Les questions posées sous la rubrique surtaxes de navigation, dit avec raison M. de Marne, sont relatives bien plus à la liberté des échanges, à la protection, à la liberté de la navigation, qu'à l'industrie du sucre. »

Après cette observation, il se prononce pour l'affirmative, en ce qui concerne la suppression de la surtaxe de pavillon pour les sucres étrangers.

Telle n'est pas l'opinion de M. Gustave Hamoir, qui, à cet égard, s'exprime en ces termes :

« Il n'y a pas de raison pour affranchir les sucres étrangers de la surtaxe de pavillon, si le Gouvernement pense qu'il soit dans l'intérêt de notre marine d'en conserver le principe. »

C'est aussi l'opinion que soutient le Comité central des fabricants de sucre :

« Si le Gouvernement juge à propos, dit-il, d'abandonner le système des surtaxes de pavillon, l'industrie sucrière ne peut qu'y applaudir.

« Toutefois, si le régime subsiste, nous ne croyons pas que les sucres étrangers puissent y échapper. Ajoutons que les nations qui n'ont pas encore adhéré à la Convention internationale ont frappé l'importation des sucres français de droits supérieurs à ceux perçus sur les leurs, ce qui constitue une protection pour laquelle notre surtaxe de pavillon ne serait qu'une compensation insuffisante.

« Les surtaxes de pavillon ont été établies en faveur de la marine et non en faveur de la sucrerie française. »

Quant à M. Clerc, il estime que le régime actuel de surtaxe de pavillon est injuste, qu'il met l'industrie française dans une position inférieure à celle des trois autres pays contractants, qui peuvent recevoir des sucres par tous navires sans aucune surtaxe de droits. Il se prononce donc pour l'affirmative sur la première question, comme M. de Marne.

2° *Cet affranchissement doit-il s'étendre aux sucres de toute nature et de toute origine importés des entrepôts ou par terre ?*

Sur cette question M. de Marne répond : *Non*, c'est-à-dire que l'affranchissement ne doit pas s'étendre aux sucres importés des entrepôts ou par terre, et M. Gustave Hamoir justifie cette manière de voir par les observations qui suivent :

« Il n'y a pas lieu d'accorder des immunités à des sucres « qui jouissent déjà, chez eux, de primes plus ou moins

« élevées que les nationalités leur accordent pour lutter « plus facilement avec les autres pays sur le marché euro- « péen. »

M. Clerc se prononce pour l'affirmative, parce qu'il voudrait la plus complète liberté pour le commerce des sucres, sans aucune surtaxe pour aucune sorte.

3° *Convient-il de supprimer l'interdiction qui résulte du dernier paragraphe de l'article 6 de la loi du 7 mai 1864, lequel exclut du bénéfice de l'exportation, après raffinage, les sucres coloniaux et étrangers, quand ils ne sont pas importés directement par mer des pays hors d'Europe?*

Sur cette question, M. de Marne est pour l'affirmative, mais le Comité central des fabricants de sucre présente les objections suivantes :

« Il faut tenir compte de la réciprocité de traitement ap- « pliquée à nos produits dans certains pays. Il n'y aurait « peut-être pas grand inconvénient à supprimer l'interdic- « tion dont il s'agit sur les sucres belges et hollandais, si, « d'une part, les charbons belges, si nécessaires à notre « industrie, n'étaient pas frappés d'un droit à l'entrée chez « nous, et si les sucreries de Belgique, par l'adoption de « l'exércice, ne jouissaient plus de leurs gros excédants, et, « d'autre part, si les sucreries hollandaises abandonnaient « aussi leurs immunités.

« Mais il est impossible de consentir à cette suppression « lorsqu'il s'agit des sucres allemands ou autrichiens, lors- « qu'on sait que ces derniers surtout sont primés, à la sortie « de leur pays, d'une façon si considérable.

« Les sucres égyptiens, de leur côté, paraissent devoir « être produits dans des conditions qui exigeraient qu'on

« leur appliquât l'interdiction, quoique importés par mer « d'un pays hors d'Europe. Ce ne sont certainement pas ces « sucres que le dernier paragraphe de l'article 6 de la loi du « 7 mai 1864 a entendu viser. Ils n'existaient pas alors, et « ils menacent de prendre une très-grande extension. »

M. Clerc estime que l'interdiction dont il s'agit n'a été qu'un leurre. Par conséquent, il y a lieu à sa suppression.

4° *Dans le cas où les surtaxes seraient maintenues, ne devrait-on pas, contrairement aux dispositions de l'avant-dernier paragraphe de l'article 5 de la loi du 7 mai 1864, les rembourser intégralement à l'exportation après raffinage, afin de maintenir le principe d'égalité posé pour les quatre pays contractants par la Convention du 8 novembre 1864 ?*

M. Gustave Hamoir se prononce nettement pour la négative, car, dit-il, « on n'aperçoit pas la raison qui engage« rait l'État à rembourser la surtaxe de pavillon après expor« tation de produits. »

C'est aussi ce que pense M. de Marne, qui estime que rembourser les droits, « ce serait, sous le régime des rende« ments et des taxes en vigueur, accorder une véritable « prime aux sucres dont il s'agit, ce qui serait absurde et « contraire à l'équité. »

Le Comité central se range également, dans ces termes, à cette opinion :

« Si les surtaxes de pavillon doivent être maintenues, la « sucrerie pense qu'il n'y a pas lieu d'en opérer le rem« boursement après exportation. »

M. Clerc pense, au contraire, qu'il faudrait faire le remboursement pour maintenir le principe d'égalité entre les quatre pays contractants.

L'article de la loi du 7 mai 1864 dont il s'agit est ainsi conçu : « Lorsque les raffinés exportés proviendront de « sucres importés par navire étranger, les soumissionnaires « devront payer, au moment de l'exportation ou de la « mise en entrepôt, la moitié de la surtaxe de pavillon. » C'est ce payement qui constitue pour nos nationaux une infériorité par rapport aux raffineurs étrangers travaillant les mêmes sucres. L'intérêt des fabricants de sucre indigène n'est pas très-engagé dans cette question.

CONCLUSIONS.

Après cet exposé, votre Commission spéciale ne pense pas devoir vous présenter une série de réponses que vous auriez à voter aux dix-neuf questions qui viennent d'être passées en revue, car il y a beaucoup de points de fait sur lesquels il est très-difficile d'obtenir des réponses positives et satisfaisantes de la part des intéressés. Mais les diverses opinions émises par des hommes très-compétents ne peuvent que contribuer à jeter un grand jour sur le régime auquel il convient le mieux de soumettre les sucres tant qu'ils devront être en France frappés par de lourds impôts. En conséquence, votre Commission vous propose :

1° D'adresser le présent Rapport à M. le ministre de l'agriculture et du commerce et au Conseil supérieur de l'agriculture, du commerce et de l'industrie ;

2° D'en ordonner l'impression dans le volume de vos Mémoires pour 1872.

La Commission pense aussi qu'il y a un très-grand intérêt pour l'agriculture française à maintenir la Convention de 1864, qui a fortement aidé au développement de l'industrie sucrière en France, en établissant la liberté et l'égalité du commerce des sucres pour les quatre pays contractants. Elle pense que tout ce qui pourrait tendre à détruire cette égalité serait nuisible à la prospérité de la fabrication, et, par suite, à celle de l'agriculture de nos plus riches départements. D'un autre côté, il y aura toujours de nombreuses difficultés et de très-grandes incertitudes à établir une échelle d'impôts basée sur une série de nuances, et tout ce qui peut simplifier la perception de l'impôt est à la fois favorable au Trésor public et aux imposés.

En conséquence, votre Commission vous propose :

3° D'émettre le vœu que, conformément aux demandes unanimes de tous les fabricants de sucre indigène et avec le consentement des raffineurs, le nombre des classes de sucre soit réduit pour payer l'impôt directement à la consommation.

Ces conclusions sont successivement mises aux voix et adoptées à l'unanimité.

EXTRAIT DES MÉMOIRES DE LA SOCIÉTÉ CENTRALE D'AGRICULTURE DE FRANCE.
ANNÉE 1872.

Paris. — Impr. de madame veuve Bouchard-Huzard, rue de l'Éperon, 5.

www.ingramcontent.com/pod-product-compliance
Ingram Content Group UK Ltd.
Pitfield, Milton Keynes, MK11 3LW, UK
UKHW021010200726
13857UKWH00004B/1383

9 782013 031516